イラスト図解式 この一冊で全部わかるサーバーの基本

MIS 一定要懂的 82個 伺服器建置與管理 知識

MIS

一定要懂的 82

伺服器建置與管理

知識

イラスト図解式　この一冊で全部わかるサーバーの基本

MIS

82個

一定要懂的 伺服器建置與管理 知識

感謝您購買旗標書,
記得到旗標網站
www.flag.com.tw
更多的加值內容等著您…

● FB 官方粉絲專頁：旗標知識講堂

● 旗標「線上購買」專區:您不用出門就可選購旗標書！

● 如您對本書內容有不明瞭或建議改進之處，請連上旗標網站，點選首頁的 聯絡我們 專區。

若需線上即時詢問問題，可點選旗標官方粉絲專頁留言詢問，小編客服隨時待命，盡速回覆。

若是寄信聯絡旗標客服 email, 我們收到您的訊息後，將由專業客服人員為您解答。

我們所提供的售後服務範圍僅限於書籍本身或內容表達不清楚的地方，至於軟硬體的問題，請直接連絡廠商。

學生團體　訂購專線：(02)2396-3257 轉 362
　　　　　傳真專線：(02)2321-2545

經銷商　　服務專線：(02)2396-3257 轉 331
　　　　　將派專人拜訪
　　　　　傳真專線：(02)2321-2545

國家圖書館出版品預行編目資料

MIS 一定要懂的 82 個伺服器建置與管理知識／
きはし まさひろ 著；陳禹豪、黃瑋婷 譯. -- 臺北市：旗標,
2018.12　面；公分

ISBN 978-986-312-558-7（平裝）

1. 網際網路　2. 網路伺服器

312.1653　　107015023

作　　者／きはし まさひろ

翻譯著作人／旗標科技股份有限公司

發 行 所／旗標科技股份有限公司
台北市杭州南路一段15-1號19樓

電　　話／(02)2396-3257(代表號)

傳　　真／(02)2321-2545

劃撥帳號／1332727-9

帳　　戶／旗標科技股份有限公司

監　　督／陳彥發

執行企劃／張根誠

執行編輯／張根誠

美術編輯／陳奕愷

封面設計／古鴻杰

校　　對／張根誠

新台幣售價：420 元

西元 2023 年 1 月　初版 7 刷

行政院新聞局核准登記-局版台業字第 4512 號

ISBN　978-986-312-558-7

前言

從伺服器類型、虛擬化、雲端化等建置概念，

到防漏洞、防故障等維運管理實務知識

雙頁圖文對照，讓你一看就懂！

在快速發展的 IT 行業中，伺服器相關技術的變化非常顯著，在過去，將伺服器安裝在公司機房是最常見的，而隨著各種雲端服務平台的出現，將伺服器雲端化越來越蔚為主流。在過去，伺服器基本就是提供單一功能的一部電腦，而隨著虛擬化技術的出現，一部電腦同時具備多個作業系統，運作著多個伺服器功能早已空見慣。因應各種技術對網管人員所造成的影響，有心從事 MIS 者一定要掌握最新趨勢，不能與現況脫節！

本書將聚焦在「伺服器」這個對企業來說極其重要的角色，以**雙頁圖文清楚對照**的方式介紹相關重要知識。此書專為有心從事 IT 工作的新鮮人、MIS 網管人員、想了解企業現場各種與伺服器相關知識的自學者所撰寫，若這本書對您有所助益，我將深感榮幸。

Chapter 1 序章

Chapter 2 伺服器管理者必備的網路基礎知識

Chapter 3 從七大面向建立架設前置知識

Chapter 4 企業內部的伺服器

Chapter 5 對外營運的伺服器

Chapter 6 預防伺服器發生故障

Chapter 7 伺服器的資安防護

Chapter 8 伺服器的維運管理

Chapter

1

序章

如果您對於什麼是伺服器、伺服器的功用 ... 等還不太有概念，本章先帶您對伺服器有個簡單的認識。您也可以從本章大致了解本書章節安排的架構。

01 伺服器是服務的提供者

● 從字面意思來看

伺服器的英文是「Server」，這個字常可看到，例如排球的「發球員(Server)」，或者是辦公室裡的「咖啡壺(Coffee Server)」... 這些字各有各的意思，乍看下八竿子打不著，但其實它們在概念上還挺接近的呢！

根據「Yahoo 奇摩電子辭典」的解釋，Server 有下列幾種意思：

server

① 侍者；上菜者
② 餐具(叉、匙、盤等)
③ 彌撒時的助祭
④ 發球員
⑤ (傳票令狀等的) 送達者
⑥【電腦】伺服器

● 本書指的是為用戶端提供服務的電腦伺服器

Serve 一詞有「提供」的意思，句尾加上 er 代表提供者。例如 ④ 發球員負責開球到對方場內，② 餐具則是用以擺放食物提供給用餐者 ... 無論哪一種都隱含了「提供」的概念。本書要介紹的是 ⑥ 伺服器，也就是**對企業內部或網際網路上的「用戶端」提供各種服務的電腦**。

舉個日常的例子，您平常一定會透過瀏覽器上網閒逛吧！您所使用的網頁瀏覽器(chrome、Firefox..) 就是所謂的「**用戶端**」，而您所看到的內容，都是所連上的電腦「**伺服器**」所提供，它們提供了各種網頁內容讓您瀏覽。

看圖學觀念！

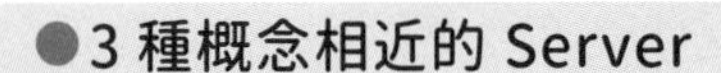

●3 種概念相近的 Server

① 發球員

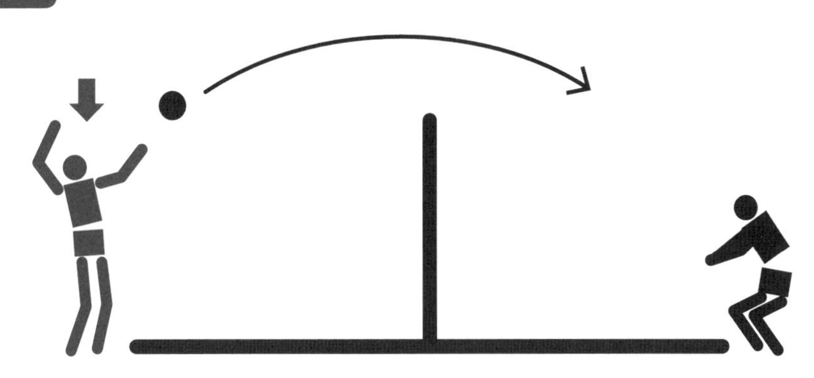

② 供應食物的餐具

③ 透過網路為用戶端提供服務的電腦

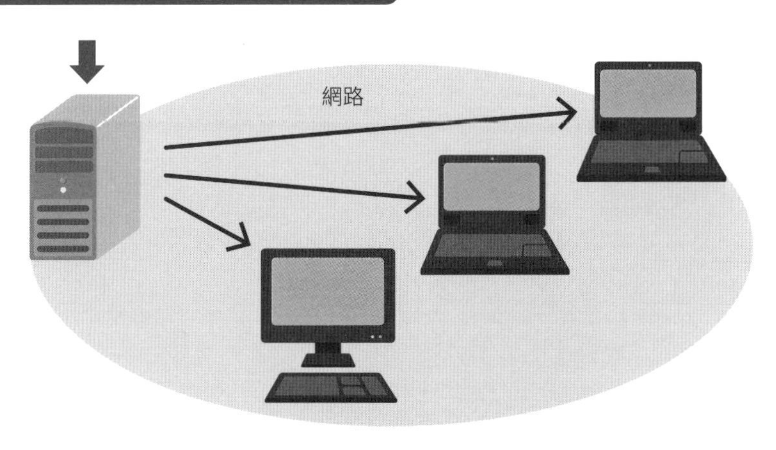

02 用戶端和伺服器之間的關係

● 伺服器的處理作業始於用戶端提出請求

伺服器不會主動執行動作，它會在收到**用戶端**所提出的請求 (Request) 後才開始處理作業並提供服務，兩者之間的處理作業如下：

① 用戶端請求伺服器提供服務

② 伺服器根據不同的要求執行處理作業

③ 伺服器將處理結果送回用戶端

④ 用戶端接收處理結果

● 以網頁服務為例

同樣以常見的上網服務來對照這些處理作業。對於上網的行為，用戶端就是 Google Chrome 或是 Internet Explorer 這一類的網頁瀏覽器；而網頁伺服器則是存放 (或產生) 網頁內容的電腦。

① **網頁瀏覽器**請求**網頁伺服器**提供服務，像是「給我○○網站的資料」等

② **網頁伺服器**準備好網站檔案

③ **網頁伺服器**將○○網站的檔案傳送出去給**網頁瀏覽器**

④ **網頁瀏覽器**接收○○網站的檔案，並將資料顯示在畫面上

這種由伺服器和用戶端架構而成的系統就稱為「**用戶端 / 伺服器系統 (Client/Server System)，或稱為主從式架構**」，是網路世界最常見的服務架構，主要是透過伺服器以更單一、更簡單的方式來管理、提供資料。

看圖學觀念！

●伺服器和用戶端之間的關係

伺服器必須先收到用戶端所提出的請求，才會開始處理作業提供服務。

以網頁服務為例

用戶端為網頁瀏覽器

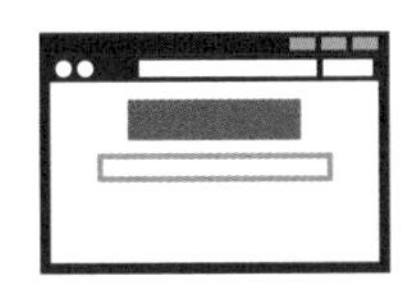

網頁伺服器提供服務

●網頁服務的處理流程

① 用戶端請求伺服器提供服務

② 伺服器根據不同的要求執行處理作業

③ 伺服器將處理結果送回用戶端

④ 用戶端負責接收處理結果

03 伺服器提供的服務包羅萬象

● 伺服器的功能依服務類型而異

如同供應咖啡的容器稱為「咖啡壺(Coffer server)」，供應啤酒的機器叫做「生啤酒機(Beer server)」，各類型的電腦伺服器提供了各式各樣的功能，這裡所指的功能其實就是提供什麼樣的「服務」。

不用想得太複雜，**「服務」不過是我們透過網際網路來處理資料時的過程**，每天我們所使用的網頁或是郵件都屬於「服務」的一種，現在流行的 Line、Instgram 或是 Facebook 都屬於「服務」，我們每天都以用戶端的身分，接受伺服器提供的服務。

● 伺服器提供的各種服務

在電腦的世界中包含了各種服務，依服務類型不同而有了不同功能的伺服器。比方說，負責提供網頁用戶端像是資料傳送或是線上購物等各種網頁服務的電腦就稱為「網頁伺服器」，而對郵件用戶端提供郵件傳送 / 接收服務的電腦則是「郵件伺服器」。

順帶一提，有些人會將網頁伺服器稱為「HTTP 伺服器」，或者將郵件伺服器稱為「SMTP 伺服器」或「POP 伺服器」，這可能會讓初學者有些混淆，不過，**服務類型的名稱、意義雖然有若干差異，但本質上並沒有太大的不同**，之後各章會逐一帶您認識這些名詞，便可了解彼此的差異了！

看圖學觀念！

●提供不同服務的 Server

「○○ Server」裡的○○就是指提供什麼樣的服務。

供應咖啡的容器稱為
「咖啡壺（Coffer server）」

供應啤酒的機器叫做
「生啤酒機（Beer server）」

我們慣用的各種網路服務都是個各個伺服器所提供的功能。

伺服器的稱呼隨著所提供的服務而異，提供 Line 服務的稱為「Line 伺服器」，提供 Twitter 服務的是「Twitter 伺服器」，而提供郵件服務則稱為「郵件伺服器」。

網頁伺服器有時被稱為「HTTP 伺服器」，而郵件伺服器則叫做「SMTP 伺服器」。這是各服務的細部運作功能所衍生出來的稱呼。

HTTP 伺服器
HTTPS 伺服器

在加密狀態下瀏覽網頁是利用「HTTPS」協定，若不需要加密則利用「HTTP」協定，這些協定之後會再介紹。

SMTP 伺服器
POP 伺服器

傳送郵件時，需要使用「SMTP」伺服器提供的服務，接收郵件則使用「POP」伺服器提供的服務。這些專有名稱之後會再介紹。

04 藉由各種伺服器軟體建置各種服務

怎麼樣才能架設一部伺服器呢？答案非常簡單，**只要先將伺服器軟體安裝到電腦裡，接著啟動它，就算大功告成啦**！從結論來看，所謂伺服器其實就是一部安裝了「**伺服器軟體**」的電腦，不同的伺服器軟體提供不同的服務。就如同我們在電腦或智慧型手機裡安裝的應用程式一樣，只要安裝好伺服器軟體並啟動它，電腦就能立刻化身為一部伺服器。

● 各種伺服器軟體

不同的服務類型所需要的伺服器軟體亦各異，例如提供網頁服務的軟體稱為「網頁伺服器軟體」，而安裝、啟用這個軟體的電腦就是「網頁伺服器」。又例如提供郵件服務的軟體稱為「郵件伺服器軟體」，而安裝、啟用這個軟體的電腦即為「郵件伺服器」。

● 功能 All-in-One 的伺服器

初學者容易存有一個錯誤觀念，認為「每台伺服器只能搭配一台電腦」，當然不是這樣，其實和我們在電腦或智慧型手機裡安裝多個 APP 應用程式一樣，**一台電腦可同時安裝好幾個伺服器軟體**。若一部電腦只能提供單一個伺服器功能，那所需的硬體成本就會很高，因此，我們可以讓網頁伺服器和郵件伺服器同時共存，或是讓 FTP 伺服器和 DNS 伺服器共存於同一部電腦，這樣就能在有限資源下，將電腦的用途發揮到極限。

補充 當多個伺服器同時並存在同一部電腦時，一旦電腦故障，就會波及這些並存的伺服器，所以別忘了此種做法也有一定的風險存在喔！

看圖學觀念！

●安裝伺服器軟體後，電腦立刻變身為「伺服器」

架設伺服器就是將伺服器軟體安裝在電腦裡，然後啟動它。

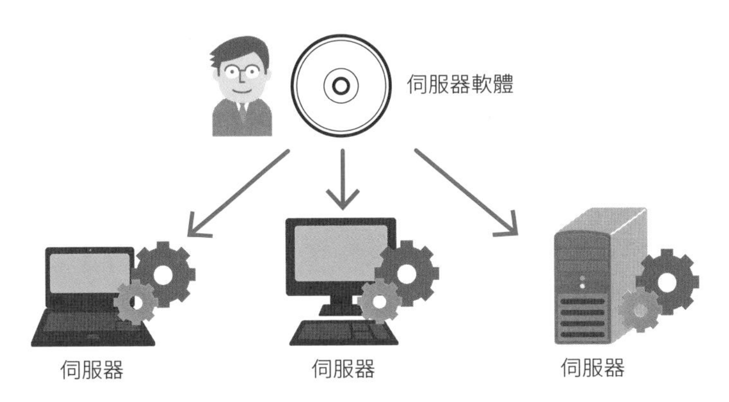

無論是一般我們所使用的桌上型電腦或筆記型電腦，
只要啟動伺服器軟體，立刻就能搖身一變成為伺服器！

比方說，安裝網頁伺服器軟體並啟動後，它就變為「網頁」伺服器。

網頁伺服器軟體

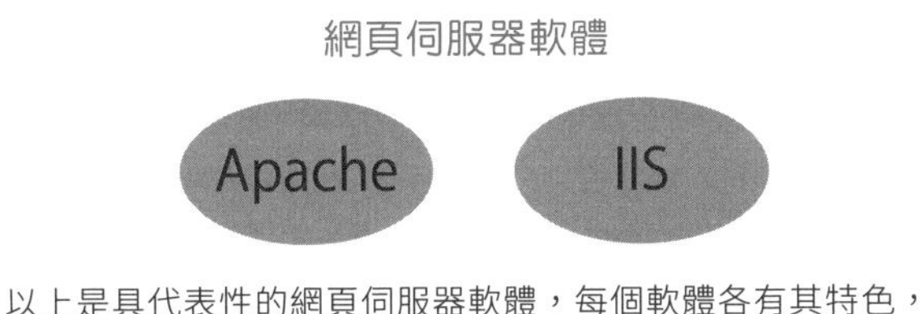

以上是具代表性的網頁伺服器軟體，每個軟體各有其特色，
但是它們同樣具備「網頁伺服器」的功能。

每台電腦皆可同時執行好幾個伺服器軟體，當然，您也可以選擇讓一台電腦只作為單一類型的伺服器。

郵件伺服器與
DNS 伺服器共存

單一郵件伺服器

05 因應各種需求而生伺服器功能

● Step1：先決定架設哪一類的伺服器

前面提到，伺服器的種類包羅萬象，身為網管人員不見得都會接觸到，還是要看企業的需求而定。假設想要「減輕網管為公司每台電腦手動設定 IP 的負擔」，那麼就需要一部 DHCP 伺服器。或公司內部有人提出「需要與所有人共用資料」，那就需要一個集中管理資料的「檔案伺服器」。**由於伺服器的功能都很單一，只要依需求仔細地加以定義，就能瞭解需要哪一種伺服器了。**

● Step2：再選擇哪一個伺服器軟體

當您決定好要準備哪一種伺服器，接下來就得思考到底要安裝哪一種伺服器軟體？通常必須根據相對應的作業系統（OS）、程式環境、成本、功能需求等各方面來評估。比方說，若要選擇網頁伺服器軟體，大多會選擇開放原始碼軟體「Apache」或是微軟 Windows Server 內建的「IIS（Internet Information Services）」。若是 DNS 伺服器軟體，一般會選擇開放原始碼軟體「BIND」或是微軟 Windows Server 提供的 DNS 伺服器。

面對琳瑯滿目的伺服器功能，右頁羅列了常見的伺服器類型，本書四到八章會逐一帶您認識它們的用途，以及建置時的注意事項

看圖學觀念！

●根據需求決定所需要的伺服器

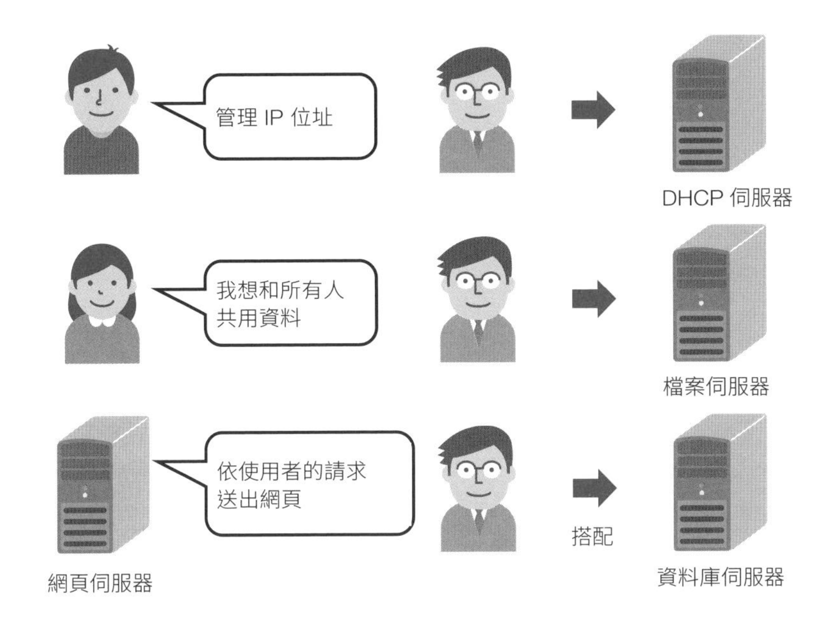

●熱門的伺服器類型以及架設軟體

伺服器類型	伺服器軟體
網頁伺服器	Apache（開放原始碼）/ IIS（微軟）/ nginx（開放原始碼）
應用程式伺服器	Tomcat（開放原始碼） / Weblogic Server（Oracle）/WebSphere Application Server（IBM） / IIS（微軟）
SSL 伺服器	OpenSSL（開放原始碼） / IIS（微軟）
DNS 伺服器	BIND（開放原始碼） / Windows Server（微軟）
Proxy 伺服器	Squid（開放原始碼）
郵件（POP/SMTP）伺服器	sendmail（開放原始碼） / qmail（開放原始碼） / postfix（開放原始碼） / Exchange Server（微軟）
FTP 伺服器	vs-ftpd（開放原始碼） / IIS（微軟）
資料庫伺服器	Oracle Database（Oracle） / MySQL（Oracle、開放原始碼） / SQL Server（微軟） / DB2（IBM）
NTP 伺服器	ntpd（開放原始碼）/ Windows Server（微軟）
Syslog 伺服器	syslog-ng（開放原始碼） / rsyslog（開放原始碼）/ Kimi Syslog Server（SolarWinds）
SNMP 伺服器	net-snmp（開放原始碼） / TWSNMP Manager（開放原始碼） / Openview NNM（HP） / Tivoli NetView（IBM）

06 伺服器建置好，工作才剛剛開始

前面提到，安裝好伺服器軟體就等於架好伺服器，聽起來似乎非常簡單！如果您是單純想過過「站長」癮的玩家或許是這樣，但真正在企業現場可不是這麼回事，後續的工作更加吃重。伺服器架設、啟動服務後，同時也進入了**維運管理**階段，這個階段是系統生命週期中最漫長的一個階段，必須一直持續到服務終止為止。在伺服器維運管理階段當中，經常需要執行**變更設定**或者**故障排除**這兩項作業。

● 變更設定

伺服器管理員必須依使用者的需求，變更伺服器的設定。伺服器持續運作後勢必會遇到各種需求，這時候通常會做好一份「需求記錄表 (範例如右圖)」，**最好預先鎖定設定範圍，讓後續的管理更輕鬆**。

● 故障排除

故障排除作業大致可分為**事前預防**及**事後補救**。

事前預防必須透過定期檢查的方式來瞭解伺服器的各種狀態(例如：CPU 使用率、記憶體使用率、通訊狀態或是錯誤記錄檔等)，若是在檢查時發現像是 CPU 使用率飆高，或是出現了不尋常的錯誤記錄檔等問題時，有可能是伺服器發生了異常，**這時候應查明清楚，若一時難以查明甚至必須進行預防性更換，避免故障發生**。

伺服器突然發生故障在所難免，**事後補救**則是故障發生時儘快設法維修。伺服器裝置上通常都會設計 LED 警示燈號，此時就可根據燈號或錯誤記錄檔加以確認，根據故障類型採取適當的因應措施。關鍵在於「速度」，因此**架設系統前建議事先針對各種故障類型做過測試，模擬好故障排除的方法再上線**。

上述兩項作業看起來很尋常，實際作業細節卻多如牛毛，我們將在第 8 章介紹相關知識。

看圖學觀念！

●伺服器上線後即進入維運管理階段

伺服器架設完成並不代表結束，接下來必須做的就是持續的維運管理，主要分為「變更設定」和「故障排除」兩大類。

變更設定

根據使用者的需求來變更設定。

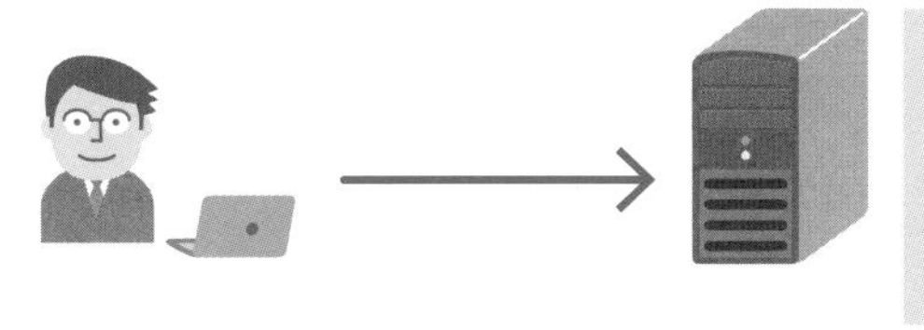

＜變更設定範例＞
- 新增、刪除使用者
- 新增、刪除系統電腦
- 變更運作時間
- 擴充儲存容量

使用者的需求不可能照單全收，而是視緊急、重要者優先設定。

●事前預防和事後補救

事前預防

調查系統環境相關數據，事前預防故障發生。

＜檢查項目（例）＞
- CPU 使用率
- 記憶體使用率
- 通訊狀態
- 錯誤記錄檔

事後補救

故障發生時，迅速調查原因，擬定因應措施

＜調查項目（例）＞
- 伺服器主機的 LED 燈
- 網卡的 LED 燈
- 錯誤記錄檔

07 學習伺服器知識前一定要熟悉網路架構

伺服器和用戶端之間是透過「**網路**」來進行資料傳遞，一旦伺服器未連接到網路就無法提供服務，而用戶端也必須透過網路才能送出需求或接收資料。資料的傳送、接收涉及到許多通訊協定的運作，網路協定與伺服器的關聯性很大，前者是內化於腦袋裡的觀念，後者則是實務面的操作。**如果您對網路基礎觀念 (例如協定、路由、通訊埠號 ... 等) 覺得有點模糊，本單元先為您做個簡單預習，下一章則會有完整的基礎觀念介紹**。

● 網際網路與區域網路

「網路 (Network)」一詞有「**將 A 和 B 互相連結**」的意思，例如將車站互相連結的是鐵路路網，電台和電台互相連接成為廣播網，這些都屬於網路的一種。本書提到的「網路」則是電腦和電腦互相連結的「電腦網路」。至於傳送的媒介，廣播網透過電波來傳送資訊，而**電腦網路則是利用纜線或是無線電波來傳送資料**。

提到電腦網路，我們來看常可聽到的幾個相關名詞：

首先是「**網際網路 (Internet)**」，源自於「Internetwork (互聯網)」這個字，意思是將散布在全球的網路互相連結，成為一個巨大的電腦網路。另一個常見的詞則是「**區域網路 (LAN)**」，是「Local Area Network」一詞的縮寫，意思是將小區域範圍內的電腦互相連結成為電腦網路。3C 賣場常可見到區域網路**網路線**和**交換器**陳列在架上，網路線是用來連接區域網路的纜線，而交換器則是用來架構區域網路的網路設備，這些都是架構「用戶端 / 伺服器」系統不可或缺的硬體設備。

補充 區域網路 (LAN) 的相反詞就是「廣域網路 (WAN)」，「廣域網路 (WAN)」就是將區域網路 (LAN) 互相連接的網路，網際網路也屬於廣域網路的一種。

看圖學觀念！

●伺服器透過網路提供服務

用戶端和伺服器之間設有網路互相連結，透過網路進行資料傳遞。

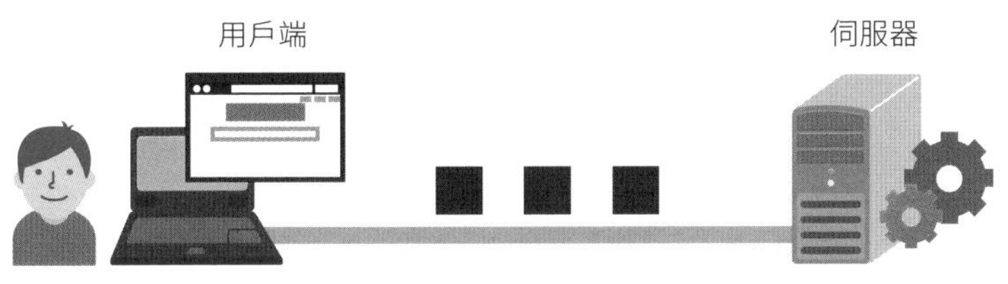

有線網路是透過纜線來傳遞資料

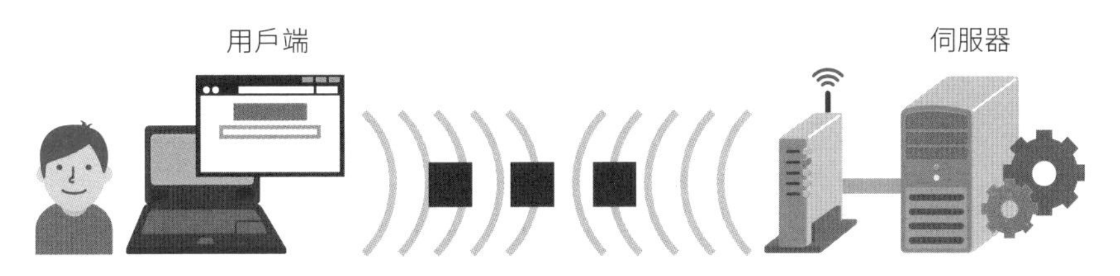

無線網路則透過無線電波來傳遞資料

不管用戶端和伺服器之間的距離多少，都是透過網路連結起來。

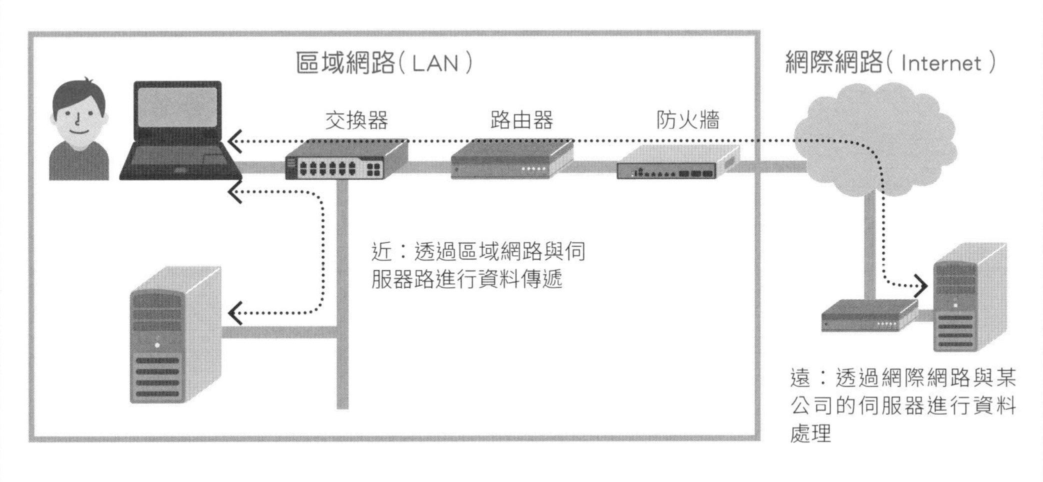

關於網路基礎知識請見下一章的介紹。

MEMO

Chapter

2

伺服器管理者必備的網路基礎知識

伺服器透過網路為用戶端提供服務，如果沒有網路，伺服器就無法執行任務，本章將著重在解說網路的基礎知識。

01 本章內容概要

如 1-7 節所述，所有的伺服器都是透過網路來傳遞資料，例如後續會介紹 NTP 校時伺服器，它在傳送和接收時間戳是採用 UDP 協定，若不清楚協定的意義，對於此伺服器的認識就是模模糊糊。因此，想成為稱職的伺服器管理者，一定要對網路概念有基本的認識。

如果您對 OSI 模型、TCP/IP 等網路基本觀念還算熟悉，則可以略過本章的說明。

以有線網路為主

一般來說，「(區域) 網路」可大致分為兩種，一種是透過實體網路線來傳遞資料的「**有線 (區域) 網路**」，另一種則是利用無線電波來傳遞送資料的「**無線 (區域) 網路**」。無論無線網路速度再怎麼快，它的速度或品質仍遠遜於有線網路。因此連接伺服器時，基本上伺服器端的架設都是以有線網路的設備為主。至於**無線網路多半是在用戶端使用**。有了這樣的認識後，本章就將以**有線網路**進行說明。

從 OSI 底層開始往上介紹

本章將從最基本的網路必備概念 -「**OSI 模型**」為起點，由最下層 (實體層) 開始循序往上層 (傳送層) 介紹。在介紹每一層的時候，會將重點分為「**技術面**」和「**設備面**」兩個部分 - 首先從技術面開始，說明該層重要的技術要素及常見的通訊協定 (通訊規則)，接下來再由設備面切入，說明在該層運作的網路設備，以及這個網路設備有哪些常見的功能等。比方說，以第三層 (網路層) 為例，從技術面來看，第三層常見的通訊協定有 **IP** 和 **ARP**，必須熟悉的觀念為「IP 位址」，而站在設備面的角度，在第三層運作的網路設備有「路由器 (Router)」，其所扮演的核心功能則是「路由 (Routing)」。

補充 最常被拿來和 OSI 模型相提並論的莫過於「TCP/IP 模型」，相較於 OSI 模型，TCP/IP 模型的概念更簡單，但初學還是建議從 OSI 認識起。

看圖學觀念！

●除了網路觀念外，也預習伺服器系統常見的設備

網路包含了各類型的觀念及設備，首先必須瞭解伺服器和用戶端的資料處理方式，才能深入瞭解處理時需要注意哪些重點。

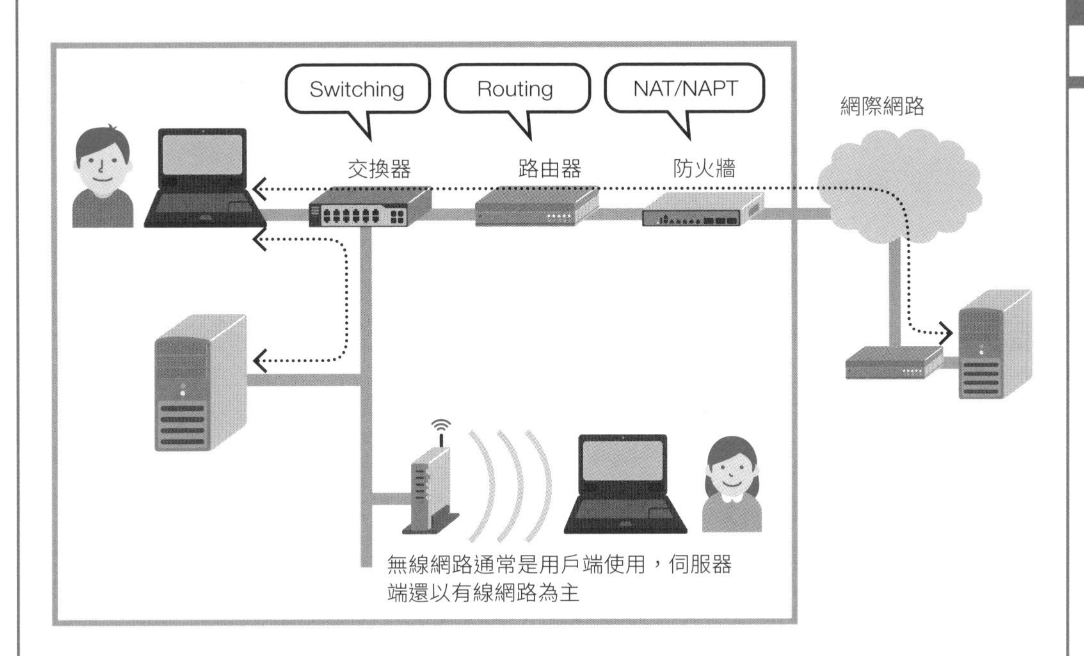

本章將由「OSI 模型(詳見下一節的說明)」的底層 - 實體層開始循序介紹重要的技術及設備。

介紹該層重要的技術及常見的通訊協定

介紹在該層運作的網路設備及常見的功能

階層	相關章節	技術面	相關章節	設備面
第一層、第二層	第 2-4 節	乙太網路 MAC 位址	第 2-5 節	交換器 (Switch)
第三層	第 2-6 節	IP 協定	第 2-8 節	路由器 (Router)
	第 2-7 節	IP 位址		
	第 2-9 節	ARP 協定		
第四層	第 2-10 節	TCP/UDP 協定	第 2-11 節	NAT/NAPT
	第 2-11 節	通訊埠編號		

02 OSI 模型及通訊協定

● 通訊協定 = 通訊規則

學習網路基礎知識時，必須瞭解的第一個概念就是「**OSI 模型**」，它是國際標準組織（ISO）將電腦通訊功能加以劃分並定義為不同階層的結構，簡單地說，它就像是「**網路通訊規則的集合體**」，這些通訊規則就稱為「**通訊協定 (Protocol)**」。比方說，當各位瀏覽網站時，會在網址列輸入一行 URL(網址)，像是「http://www.yahoo.com.tw」，您所輸入的第一串字「http」其實就是通訊協定，HTTP 是「HyperText Transfer Protocol」一詞的縮寫，中文為「超文本傳輸協定」。HTTP 是**網頁伺服器**和網站用戶端在收送資料時所使用的一種通訊規則。

● 要認識的通訊協定其實並不多

OSI 模型以階層 (Layer) 結構將通訊協定分為七層，由下到上分別為「**實體層 (Physical Layer)**」、「**資料鏈結層 (Data Link Layer)**」、「**網路層 (Network Layer)**」、「**傳送層 (Transport Layer)**」、「**會談層 (Session Layer)**」、「**表現層 (Presentation Layer)**」以及「**應用層 (Application Layer)**」，每一層分別被賦予不同的功能，如此一來，才能避免階層之間彼此衝突，當故障發生時也能先將不同階層隔離開來，再來排除問題。

OSI 模型是由許多通訊協定所組成，比較主要的其實就那麼幾個：第一層和第二層有「**乙太網路**」，第三層為「**IP**」、「**ICMP**」、「**ARP**」，第四層有「**TCP**」、「**UDP**」，第五層～第七層為「**應用協定 (Application protocol)**」，各位讀者只要掌握好這些實際會用到的通訊協定，必能打好網路的基礎。

●利用 OSI 模型讓網路規則更有條理

網路世界充斥了各種專業術語：

TCP　乙太網路　IP　HTTP

這些專業術語各自定義了電腦通訊時所扮演的各種功能，這些就稱為「通訊協定」。

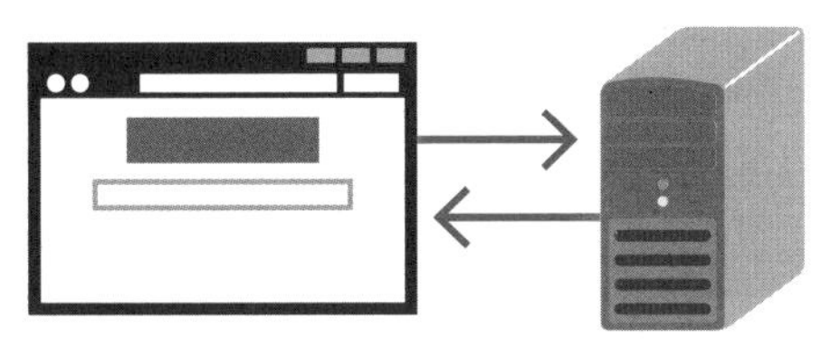

例如網頁伺服器和用戶端之間就用到了 HTTP 通訊規則。

每一種通訊協定皆可對應到國際標準化組織(ISO)所制定的 OSI 模型階層結構中。

OSI 模型

層	說明	通訊協定
應用層 (第七層)	定義了如何根據不同的應用，提供各種服務的方法。	應用層通訊協定 (如 HTTP 等)
表現層 (第六層)	定義了如何將應用資料轉換為通訊所適用的形態。	
會談層 (第五層)	定義了如何建立與切斷傳送資料所使用的通訊路徑 (連線)。	
傳送層 (第四層)	定義了如何確實將資料送達接收端的方法。	TCP、UDP
網路層 (第三層)	定義了和相同或不同的網路設備連線時，如何選擇位址和路徑的方法。	IP、ICMP、ARP
鏈結層 (第二層)	定義了如何和直接連線的設備之間建立邏輯傳送路徑 (資料鏈結) 的方法。	乙太網路
實體層 (第一層)	定義了網路線的材質、連接器的類型及 Pin 腳排列方式等所有的實體網路器材。	

不同的階層各有不同的功能，動作也各不相同。

當通訊發生故障時，就能根據不同的症狀找出是哪一個階層出了問題。

03 通訊協定所扮演的角色

通訊協定所扮演的角色當中，最重要的莫過於「**封裝 (Encapsulation)**」和「**解封裝 (Decapsulation)**」這兩大功能。網路通訊會在跨越 OSI 模型的不同階層時，將資料放入容器(Capsule)中，放入容器的處理動作就稱為「封裝」，由容器中取出的處理動作則稱為「解封裝」或「拆裝」，這兩種處理方法和俄羅斯名產 - 俄羅斯娃娃非常相似。底下我們以負責資料傳送端的伺服器，以及負責接收資料的用戶端這來思考封裝和解封裝，一起來看看它們運作的流程吧！

● 傳送端負責封裝，接收端負責解封裝

伺服器所執行的處理作業即為「封裝」，**伺服器是由階層的上層往下層進行封裝處理，接著再產生轉送時所需的資料，請參照右圖**。當伺服器應用程式準備好資料後，就會往下將該資料交給傳送層，而傳送層會將接收到的應用層資料放入 TCP/UDP 的容器 - 區段 (Segment) 中，接著再往下傳送到網路層。網路層一旦收到區段後，就會將該區段放入 IP 的容器 - 封包 (Packet) 中，並送交鏈結層。鏈結層則會將接收到的封包放入乙太網路的容器 - 訊框 (Frame) 裡，然後再往下傳送給實體層。最後實體層會將收到的訊框轉換為位元訊號後，以電子訊號的形式傳送出去。

相反地，用戶端所執行的處理作業則為「解封裝」，**用戶端是由下層往上層進行解封裝處理，最後回復為原始的資料**，當實體層接收到電子訊號或光訊號後，會先轉換為位元，接著再以訊框 (Frame) 的方式往上送到鏈結層，鏈結層會從收到的訊框當中取出封包 (Packet)，並傳送到網路層，而網路層則會從接收到的封包中取出區段 (Segment)，並往上送給傳送層，最後傳送層會由所接收到的區段中取出資料，然後再將原始的應用資料傳送給用戶端的應用程式。

看圖學觀念！

●封裝及解封裝

伺服器應用程式在傳送資料時，會附加通訊功能所需要的各種資料，這樣的動作就稱為「封裝」。

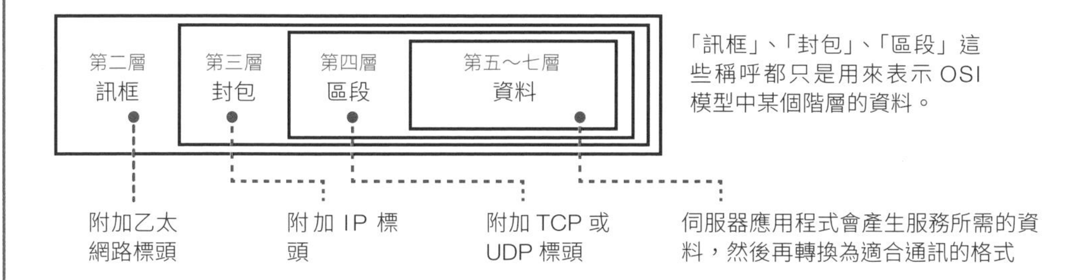

用戶端收到資料後將執行和封裝完全相反的處理作業，也就是取出應用資料，這稱為「解封裝」。

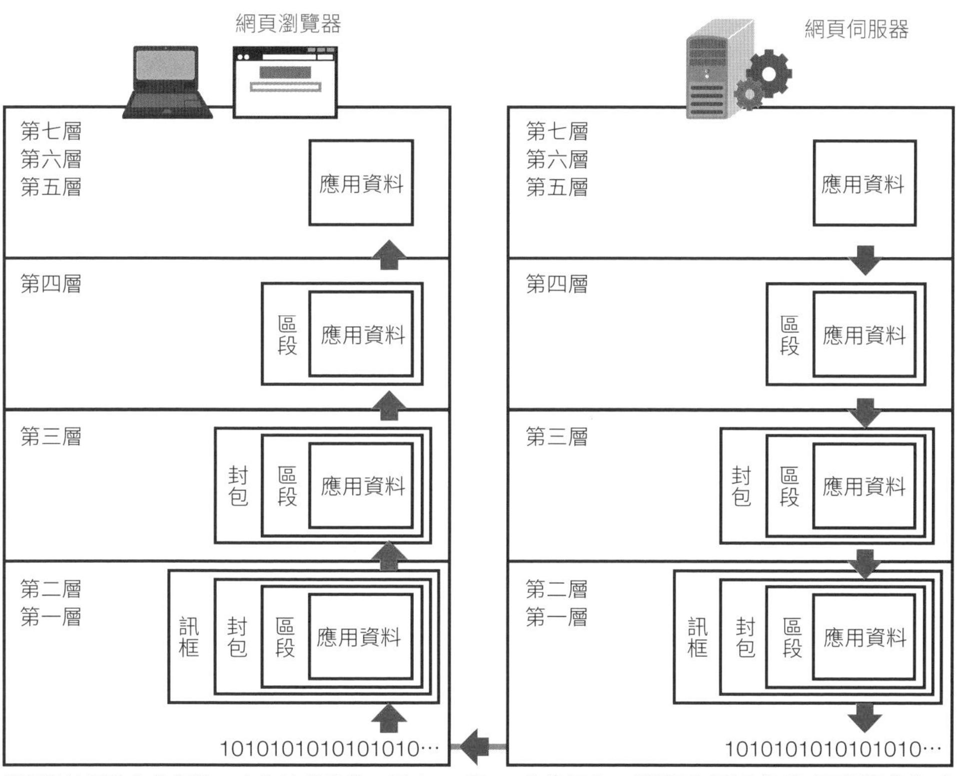

當資料被編整為訊框後，會先被轉換為一長串 [0] 和 [1] 的位元串，接著再以電子訊號或光訊號的格式被傳送出去。

04 乙太網路與MAC位址

● 乙太網路如何產生訊框 (Frame)

對於第一層和第二層而言不可或缺的規範就是「**乙太網路 (Ethernet)**」。提到有線網路，清一色大多使用乙太網路，當乙太網路接收到第三層（網路層）所傳送的資料（封包）後，會在資料前端附加用來表示訊框起始的「前序 (Preamble)」、用來表示接收端和傳送端的「標頭 (Header)」，並在資料後端附加可檢查位元錯誤的「FCS (Frame Check Sequence（訊框檢查序列）」後，以產生完整的訊框。

● 利用 MAC 位址辨識電腦

乙太網路使用 48 位元的識別碼，也就是所謂的「MAC 位址」來辨識電腦，MAC 位址每隔 8 位元就會用一個逗號 (,) 或連接號 (-) 加以區隔，並以 16 進制表示。MAC 位址的前面 24 位元和後面 24 位元分別代表不同的意義，前面 24 位元是由電子相關技術組織也就是 IEEE（美國電子電機工程師協會）配發給不同設備廠的製造商代碼 (Vendor ID)，稱為「**OUI（Organizationally Unique Identifier（組織唯一識別碼）**」，根據這 24 個位元就能判斷電腦是由哪一家製造商生產的；而後面 24 位元則是各廠商為不同的設備所配發獨一無二的代碼。總結來說，MAC 位址是由前面 24 個位元和後面 24 個位元所組成，分別為 IEEE 所配發管理的識別碼以及由各廠商為自家設備所定義的專屬代碼，因此，每張網卡所被配發的 MAC 位址都是全球獨一無二的。

電腦在傳送資料時，會將用來表示自己位址的「**傳送端 MAC 位址**」，以及代表對方 MAC 位址的「**接收端 MAC 位址**」寫入訊框的標頭中。

補充 只要連上「http://standards.oui.iee.org/oui/oui.txt」即可瀏覽 IEEE 所配發的所有 OUI。

看圖學觀念！

●乙太網路可對應至第一層和第二層所規範的標準

現在的有線網路
清一色大多使用乙太網路。

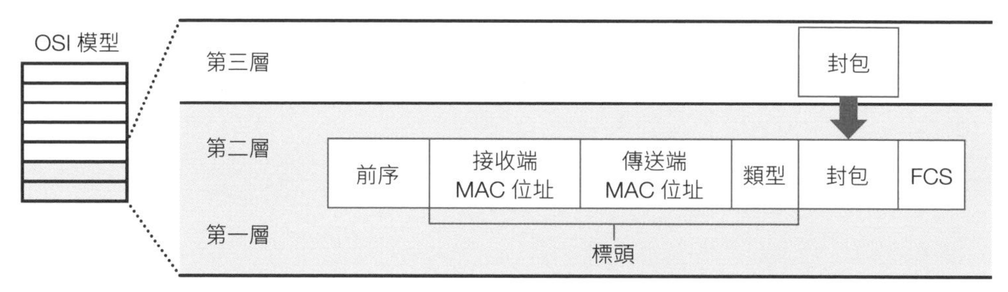

接收到第三層傳來的封包後，附加前序、標頭、FCS 後產生訊框。

●乙太網路透過 MAC 位址來識別通訊對象

MAC 位址（例）

a8:66:7f:04:00:80

製造商代碼（OUI）
IEEE 為不同的網路設備製造商所配發的代碼

製造商內部代碼
各製造商為自家的網路設備所配發的識別碼

↓

將這兩種代碼互相組合，就成為全球獨一無二的 MAC 位址。

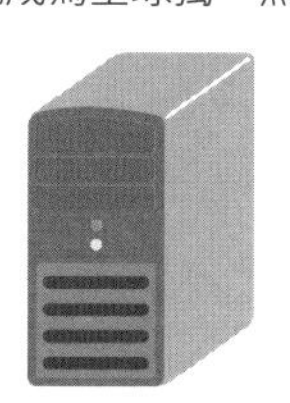
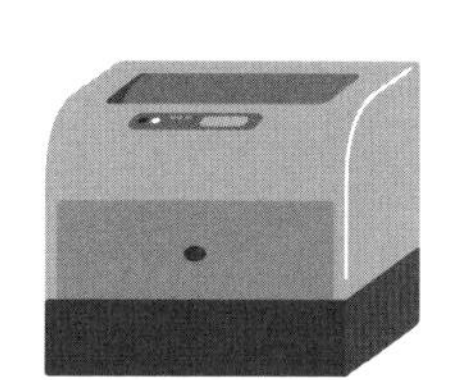
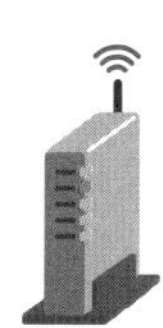

網路設備或網路卡依製造商不同，所被配發的 MAC 位址也各異。

05 交換(Switching)技術

● 乙太網路藉由交換方式構成網路

乙太網路的核心網路設備是「**交換器(Switch)**」，利用它可以採用「星形拓樸」的連線形態來配置電腦。不知道各位是否曾在大型 3C 賣場或是在公司的辦公桌上，看過設有許多 LAN 埠的網路設備？那就是「交換器」，使用有線網路時，電腦是經由網路線和交換器連接。

● 使用 MAC 位址表執行交換動作

交換器會將傳送某訊框的「**LAN 埠編號**」以及訊框的「**傳送端 MAC 位址**」記錄在 **MAC 位址表(MAC Address Table)** 中，藉以避免將不需要的訊框傳送出去，如此就能提升乙太網路的通訊效率。交換器傳送訊框的動作就稱為「**交換(Switch)**」，而交換器在進行交換動作時所使用的 LAN 埠編號和傳送端 MAC 位址的對應表則稱為「**MAC 位址表**」。執行交換動作時必須根據下述步驟，建立 MAC 位址表，確保訊框只會被傳送到正確的 LAN 埠。

① 當交換器收到訊框後，會將傳送該訊框的 LAN 埠編號及傳送端 MAC 位址記錄到 MAC 位址表中 (如此次訊框是主機 A 傳送過來的，則記錄主機 A 的 MAC 位址)。

② 只要接收端 MAC 位址的資訊曾經被寫入 MAC 位址表，交換器就會依據這些資訊來傳送訊框。若接收端的 MAC 位址還沒被記錄過，訊框則會被傳送到所有的 LAN 埠，確保接收端可以收到訊框。

③ 以後，凡任何主機發送訊框，它的 MAC 位址就會更新到 MAC 位址表中。之後交換機就可根據 MAC 位址表來作業了。

補充 將一台交換器加以邏輯分割的功能就稱為「VLAN(虛擬區域網路)」，「VLAN」可以讓不同的網路共存於同一台交換器中。

看圖學觀念！

●乙太區域網路中主要透過交換器來連接電腦

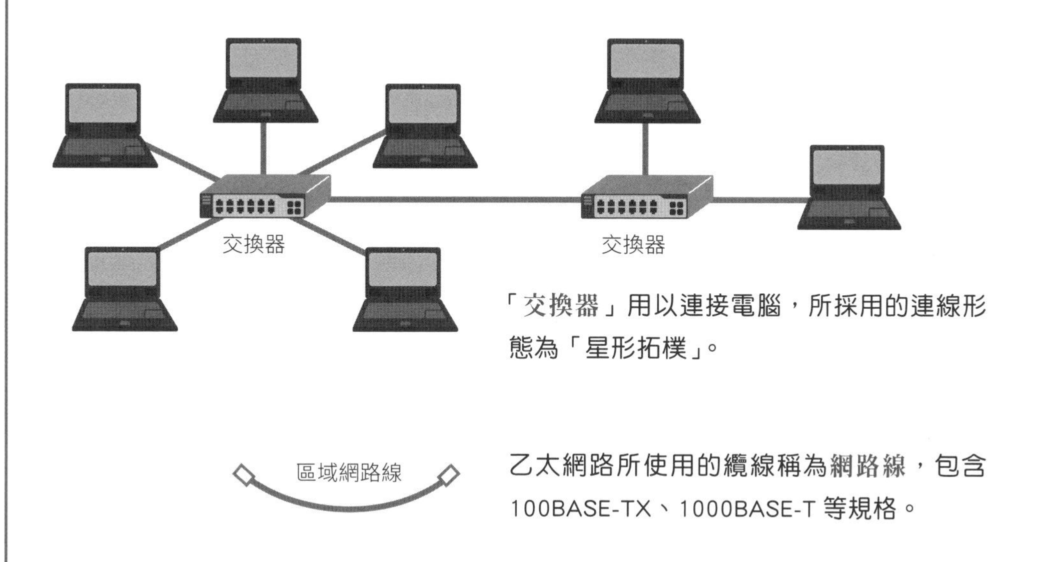

「交換器」用以連接電腦，所採用的連線形態為「星形拓樸」。

乙太網路所使用的纜線稱為網路線，包含 100BASE-TX、1000BASE-T 等規格。

●交換器根據 MAC 位址表來傳送訊框

MAC 位址表

MAC 位址	LAN 埠
A	1
B	2
C	3
D	4

②若電腦 D 的埠號及 MAC 位址已被記錄完成，訊框將只會被傳送到 Port 4

若 MAC 位址表中未記錄接收端 MAC 位址等資訊，訊框就會被傳送到**所有的 LAN 埠**。

每當交換器收到訊框時，就會將用來傳送該訊框的 LAN 埠編號及傳送端 MAC 位址等資訊記錄到 **MAC 位址表**中。

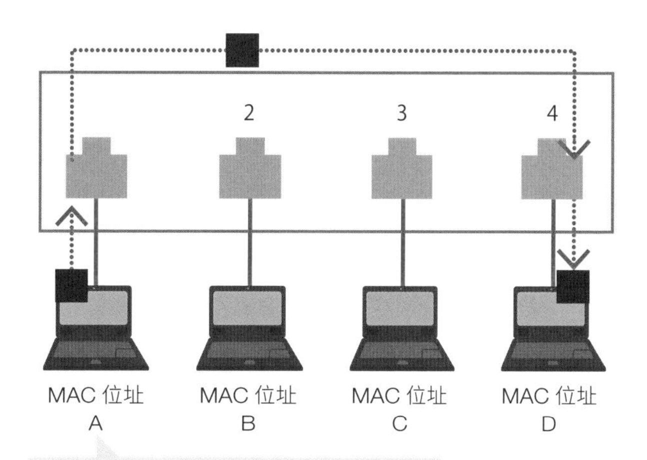

①電腦 A 發送訊框，它的埠號 Port1 跟 MAC 位址就會被記錄下來

06 IP 和 IP 位址

OSI 模型第三層最重要的通訊協定就是「**IP（Internet Protocol：網際網路通訊協定)**」，現今的網路都是使用 IP 這項協定。

當 IP 由第四層（傳送層）收到資料（區段）後，會附加一個「**IP 標頭**」如此就形成所謂的封包 (Packet)。IP 標頭就像是我們平常郵寄包裹時所黏貼的託運單一樣，透過全球無遠弗屆、無所不在的網路，封包會傳送到天邊海角各個角落，IP 標頭由許多欄位所構成，可用來解決網路環境不同所產生的差異。

IP 使用 32 位元的「IP 位址」做為識別碼，藉以識別電腦，像「192.168.1.1」、「172.16.25.254」這樣。IP 位址每隔 8 位元就會用一個句點「.」加以區隔，並以 10 進制來表示，每 8 個位元為一組數字，每組數字之間以句點區隔，我們稱每組數字為「Octet(八位元組)」，從前面開始依序稱為「第一個 Octet」、「第二個 Octet」......。

IP 位址不能單獨存在，必須搭配 32 位元的「子網路遮罩」一起使用，IP 位址是由「**網路位址**」和「**主機位址**」兩個部分所組成，網路位址可用來識別屬於哪一個網路，而主機位址則用來識別網路中的哪一部裝置。而子網路遮罩就像是用來分隔這兩個部分的標記一樣，「1」代表對應到網路位址，「0」則對應到主機位址，子網路遮罩包含「十進制標記法」和「CIDR 標記法」等 2 種標記方法，十進制標記法的格式就像 IP 位址一樣，將 32 位元分為 4 組，每 8 位元 1 組，以十進制表示時，每組數字之間會以句點「.」加以區隔，CIDR 標示法則是在 IP 位址後面加上斜線「/」和設置為「1」的位數。

假設有一個 IP 位址「172.16.1.1」，它的子網路遮罩為「255.255.0.0」，這個 IP 位址可以被標記為「172.16.1.1/16」，由此可知，它所屬的網路是「172.16」，主機為位址為「1.1」。

看圖學觀念！

●IP 是第三層最重要的通訊協定

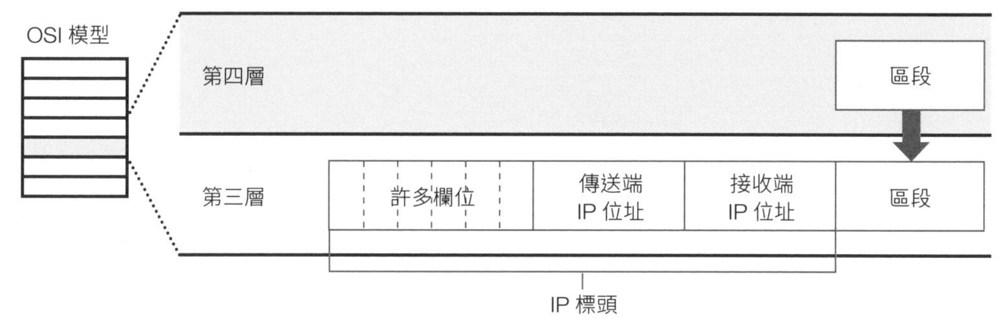

將第四層傳來的區段中附加標頭後，即成為「封包」。

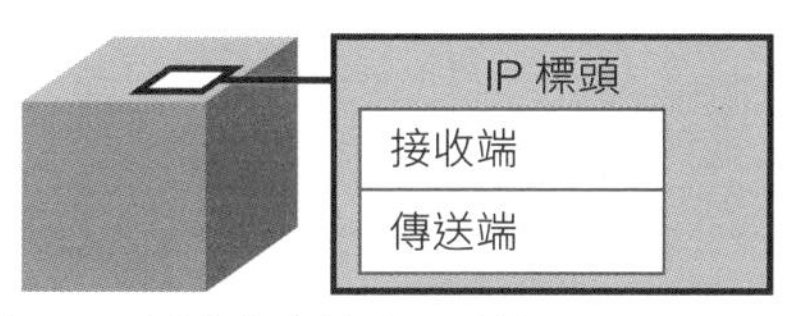

若是以配送貨物來比喻 IP 封包，
那麼 IP 標頭就像託運單一樣。
引申來看，乙太網路訊框好比是在固定區域運送貨物的宅配車。

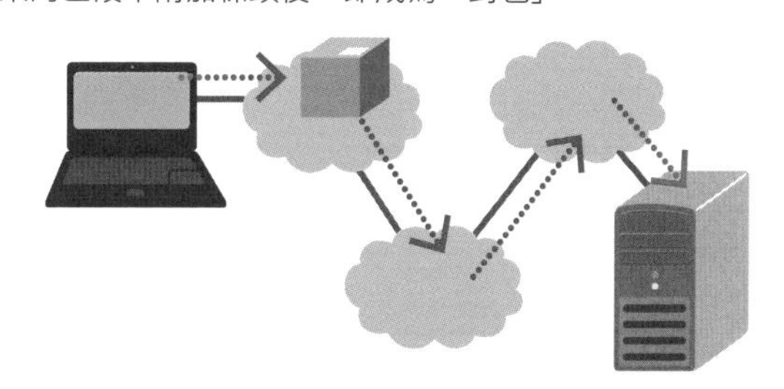

即使電腦和接收端相隔千里，
也能透過全球的網路連結傳送。

●透過 IP 位址來識別通訊對象

以十進制表示 IP 位址	172.	16.	1 .	1
以二進制表示 IP 位址	10101100	00010000	00000001	00000001
	← 網路位址 →		← 主機位址 →	
以二進制表示子網路遮罩	11111111	11111111	00000000	00000000
以十進制表示子網路遮罩	255.	255.	0 .	0

- IP 位址必須搭配子網路遮罩一起使用
- 子網路遮罩中「1」的部分為網路位址，「0」為主機位址。
- 由上述例子可知，子網路遮罩「1」的部分有 16 個，亦可標記為 172.16.1.1/16（CIDR 標記法）

主機為 1.1　　主機為 1.2

07 各種 IP 位址

IP 位址由「0.0.0.0」～「255.255.255.255」共有 2 的 32 次方個（約 43 億個），不過，可不是想用就能隨意取用的喔，依**使用用途**和**適用的網路範圍**不同，適用的網段和運用方法等規範也大相逕庭，本節將針對此點進行說明。

● 依使用用途分類

IP 位址依使用用途不同，可分為 Class A～Class E 等 5 個位址等級，其中最常用的是 Class A～Class C，只要在電腦裡進行設定，即可執行一對一（Unicast）通訊。簡單地說，**這 3 種等級之間的差異就在於網路規模大小不同**，由大到小，分別是 Class A → Class B → Class C，Class D 和 Class E 保留作為特殊用途，通常不使用，位址等級的分類方法是根據 IP 位址 32 位元的起始第 1～4 位元來判斷的，起始位元不同，決定了 IP 位址的適用範圍。

● 依適用的網路範圍分類

IP 位址依適用的網路範圍不同，可分為「**公用 IP 位址**」和「**私有 IP 位址**」等兩種。

公用 IP 位址是網際網路上獨一無二的 IP 位址，透過「ICANN（Internet Corporation for Assigned Names and Numbers: 網際網路名稱與號碼指配組織）」這個民間非營利機構來管理全球公用 IP 位址。

相對地，**私有 IP 位址則是公司行號或家庭等區域網路可自行配發的 IP 位址**，依位址等級不同，可配發的範圍也各不相同，以 Class A 來說，可用的私有 IP 為「10.0.0.0～10.255.255.255」，Class B 為「172.16.0.0～172.31.0.0」，Class C 則是「192.168.0.0～192.168.255.255」。

看圖學觀念！

●IP 位址的類別依用途和網路範圍而異

IP 位址包含了 0.0.0.0～255.255.255.255 等，可依使用用途和網路範圍不同分類。

依使用用途分類

等級	起始位元	位址範圍
Class A	0XXX	0.0.0.0 ～ 127.255.255.255
Class B	10XX	128.0.0.0 ～ 191.255.255.255
Class C	110X	192.0.0.0 ～ 223.255.255.255
Class D	1110	224.0.0.0 ～ 239.255.255.255
Class E	1111	240.0.0.0 ～ 255.255.255.255

電腦可設定的範圍為 Class A～Class C

Class D 用於多點傳播（Multicast），Class E 作為保留及研究用途

依適用的網路範圍分類

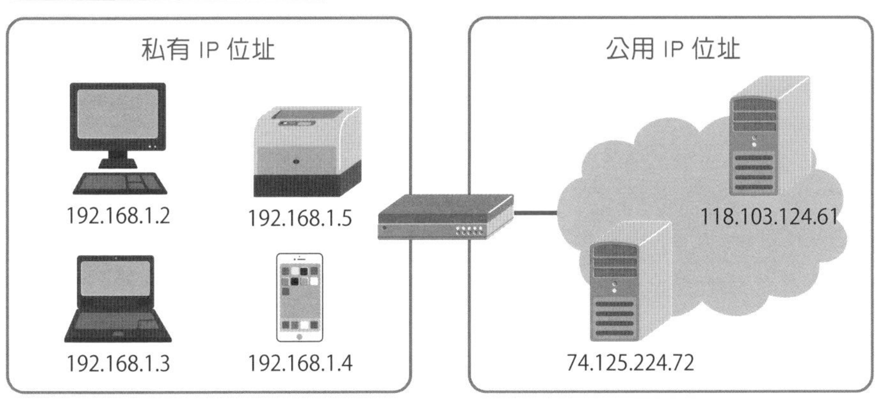

企業或家庭可自由使用的位址，公司內部使用時應避免重複配發

網際網路上獨一無二的位址，由 ICANN 及旗下的代理商負責管理及分配，無法隨意使用。

私有 IP 位址依位址等級不同，可配發的範圍也各不相同。

等級	位址範圍	子網路遮罩
Class A	10.0.0.0 ～ 10.255.255.255	255.0.0.0
Class B	172.16.0.0 ～ 172.31.255.255	255.240.0.0
Class C	192.168.0.0 ～ 192.168.255.255	255.255.0.0

08 路由(Routing)

根據路由表轉送封包

各自獨立的乙太網路可透過「**路由器 (Router)**」這個網路設備連結起來，路由器會根據已事先建立好的「**路由表 (Routing Table)**」來轉送封包，而路由器轉送封包的這個動作就稱為「**路由 (Routing)**」，路由表是由「目的網路」以及用來將封包傳送到目的地的 IP 位址(下一個跳躍(Next-hop))等所組成。當路由器收到封包後，會將封包的目的 IP 位址和寫入路由表的目的網路互相比對，若目的 IP 位址和目的網路彼此吻合，即可將封包轉送到下一個跳躍的 IP 位址，若否，則將該封包丟棄。

2 種建立路由表的方法

建立路由表的方法，可分為「**靜態路由**」和「**動態路由**」等兩種。

「靜態路由」是以「手動」方式建立路由表的方法，使用者必須一一設定目的網路和 Next-hop，「靜態路由」必須對架構網路的所有路由器進行路由設定，優點是設定方法簡單明瞭，更容易管理，因此適用於小型網路等類型的網路。

「動態路由」則是相鄰路由器藉由交換路徑資訊「自動」建立路由表的方法，交換路徑資料時所使用的通訊協定就稱為「路由通訊協定」。動態路由乍聽之下它的動作原理可能有點難以令人理解，不過，它的優點是因應環境變化的機動性更高，遇到故障時的因應能力更高，因此較適用於中型及大型網路環境。

補充　除了路由器外，具有優異路由功能的網路設備就稱為「L3 交換器」，「L3 交換器」透過硬體來轉送封包，以達到處理高速化的目標。

看圖學觀念！

●路由器的功能

架構乙太網路後，可以透過一種網路設備將網路互相連結，那就是「路由器」。

②當路由器收到封包後，會將封包的目的 IP 位址和寫入路由表的目的網路互相比對，接著再轉送到下一個跳躍的 IP 位址。

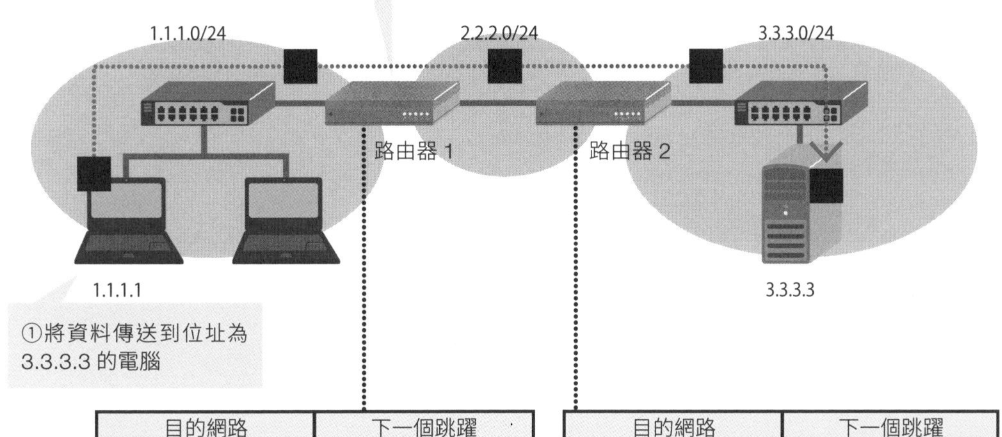

①將資料傳送到位址為 3.3.3.3 的電腦

目的網路	下一個跳躍
1.1.1.0/24	直接連線
2.2.2.0/24	直接連線
3.3.3.0/24	路由器 2

目的網路	下一個跳躍
1.1.1.0/24	路由器 1
2.2.2.0/24	直接連線
3.3.3.0/24	直接連線

路由器必須事先建立好路由表。

●建立路由表的方法有 2 種

靜態路由

使用此方法時，管理者必須以手動方式來註冊目的網路和下一個跳躍（Next-hop）設定方法簡單明瞭，不需要針對不同的路由器個別設定。

動態路由

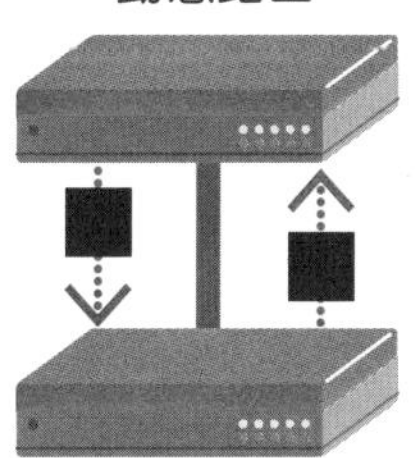

使用此方法時，路由器彼此會藉由交換路徑資訊，來建立路由表。
系統可自動因應網路變化，相對地卻也必須具備路由通訊協定等相關知識。

09 ARP 協定

MAC 位址是燒錄在電腦網路卡 (Network Interface Card) 中的實體位址，而 IP 位址則是電腦作業系統 (OS) 所設定的邏輯位址，這兩種位址並不是不相干，而必須透過協調方式發揮它們的功用，在中間扮演著實體和邏輯之間橋樑角色的就是「**ARP (Address Resolution Protocol：位址解析通訊協定)**」。

實體和邏輯之間的橋樑？聽起來似乎有點深奧，從實際運作面來說，其實就是為**IP 位址和 MAC 位址建立關聯性**，當第三層接收到封包後，必須先產生一個訊框，然後再透過纜線傳送出去，然而，收到封包當下所獲得的資料，並不足以產生訊框，收到封包的那個時間點只知道自己的 MAC 位址，但是並不清楚接收端 MAC 位址，所以必須透過 ARP，根據接收端的 IP 位址找到 MAC 位址。

● ARP 處理流程

ARP 透過**廣播**這項機制來執行動作。若電腦 A 有一個封包想要丟給某 IP 位址，卻還不知道該丟給哪個 MAC 位址時，它就會利用廣播的方式，對網路提出「有沒有電腦使用 XXX.XXX.XXX.XXX 這個 IP 位址？」的查詢，這就稱為「**ARP 請求 (Request)**」。由於採用的是廣播的方式，因此 ARP 請求會被傳送到所有以實體方式連線的電腦 (例如電腦 B、電腦 C...)，接著電腦 B、C... 會將查詢的內容和自己的 IP 位址加以比較，只要位址不符合即忽略該請求，若當中一部符合，則會送回一個回覆，告知「我 (電腦 B) 正在使用這個 IP 位址 !」，這就稱之為「**ARP 回應 (Reply)**」。電腦 B 丟出 ARP 回應給電腦 A 時，會**將自己的 MAC 位址加到回應訊息中**，如此一來，電腦 A 就可以知道電腦 B 的 MAC 位址、並傳遞封包了。

補充 同時對同一個網域裡的所有電腦傳送訊息就稱為「廣播」，ARP 請求就是透過廣播的方式來傳送資料。

看圖學觀念！

●MAC 位址和 IP 位址的差別

MAC 位址是燒錄在電腦網卡中的實體位址。
IP 位址是由作業系統所設定的邏輯位址。

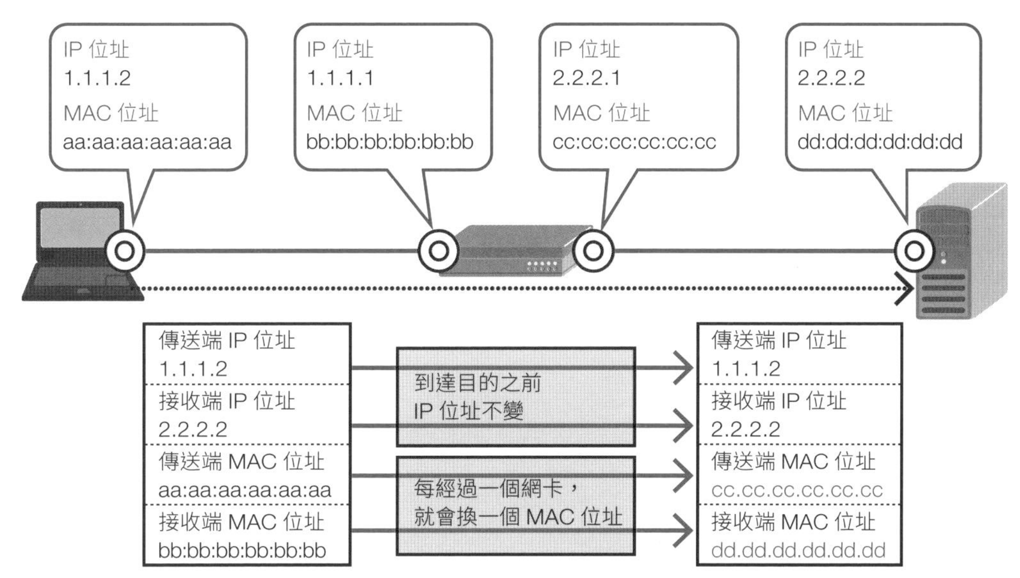

當電腦互相進行通訊時，通訊資料的 IP 位址由傳送端到接收端維持不變，不過，MAC 位址則每經過一個網卡，就跟著轉換一次。

當傳送端有一個封包要傳送給接收端時，若還不知道接收端的 MAC 位址，會先發出一個 ARP Request 廣播封包，查詢目的主機的實體位址。如果有接收端的 IP 位址符合，就會丟回一個 ARP Reply 封包給對方，並告知自己的 MAC 位址。

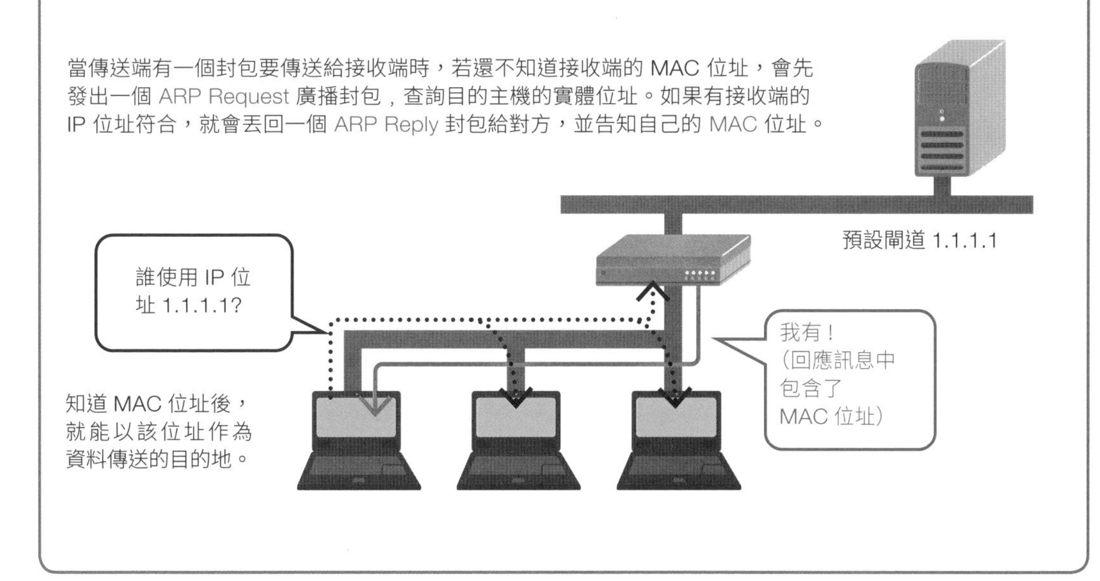

10 TCP 和 UDP 協定

● 可靠性優先？還是即時性優先？

第四層是用來識別通訊控制和服務的一個階層，第四層要求應用程式必須具備 2 項通訊要件，那就是「**可靠度**」和「**即時性**」，兩者各有相對應的通訊協定。

資料重要性高，需要謹慎處理，就使用「**TCP(Transmission Control Protocol: 傳輸控制通訊協定)**」，當電腦在進行通訊時，彼此會互傳一個確認訊息，告訴對方訊息「已送出」或「已送達」，並同時進行資料處理，藉由此種方式以提高通訊可靠性。像是網頁、郵件、檔案共用等服務類型，必須確保資料完整無任何遺漏，這時候就得透過 TCP 機制來達成。

相對地，若是暫時不考慮可靠度，只希望資料儘快被送達，這時候則需藉由「**UDP(User Datagram Protocol：使用者資料包通訊協定)**」來實現。UDP 只負責將資料傳送出去，不需要考慮可靠度問題，如此就能省去確認回應的程序，藉以提高通訊的即時性，像 VoIP(Voice over IP：網路電話)、時間同步或名稱解析等服務需要速度優於一切，就會使用 UDP。

● 根據通訊埠號來識別服務類型

TCP 和 UDP 是利用「通訊埠號」來判斷資料應傳送到電腦哪一類型的服務(應用程式)，通訊埠號包含「0～65535」(相當於 16 位元)等數字，依所使用的埠號範圍不同，其用途亦各異。

「0～1023」為「**已知埠號**(Well-Known Ports)」，像是網頁伺服器、郵件伺服器這一類一般的伺服器軟體，必須經由已知埠號等待用戶端提出服務要求；「1024～49151」為「**註冊埠號**(Registered Ports)」，若不同廠牌的伺服器要使用自家專用的伺服器軟體來等待用戶端提出服務要求，則必須透過註冊埠號；「49152～65535」為「**動態埠號**(Dynamic port)」，供伺服器辨識用戶端之用。

看圖學觀念！

●TCP 和 UDP 的差異在於選擇要以「可靠度」還是「即時性」優先

使用 TCP? 或是 UDP? 取決於以「可靠度」還是「即時性」何種為優先。

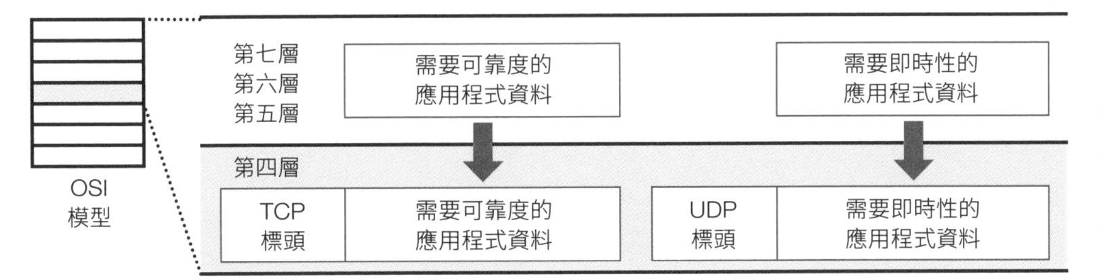

將 TCP 或 UDP 標頭附加在應用程式資料中，藉以產生 TCP 區段或 UDP 資料包 (Datagram)。

▶使用 TCP

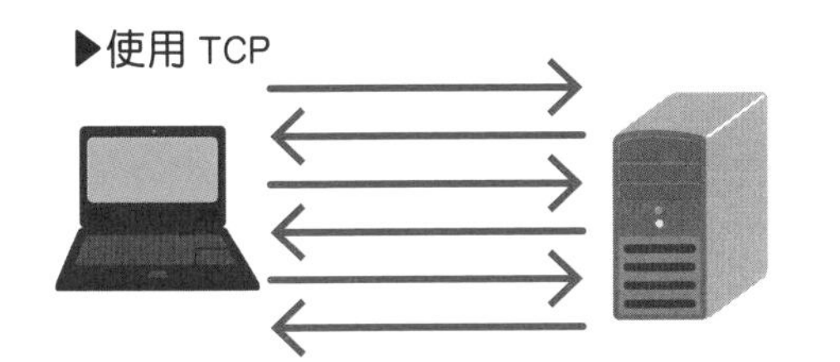

每次一收到資料，就必須執行回應確認的處理作業，因此通訊可靠度更高，適合網頁、郵件或是檔案共用等服務類型。

▶使用 UDP

只負責將資料傳送出去，毫無通訊可靠度可言，不過即時性很高，適合 VoIP(網路電話、IP 電話) 等服務。

●利用埠號來識別資料應傳送到何一類型的服務。

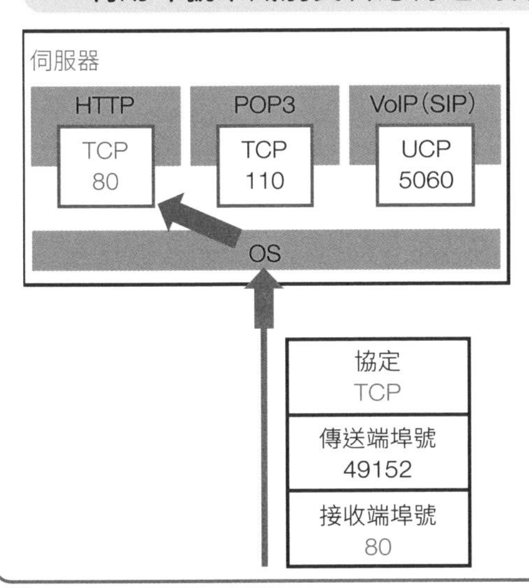

埠號的範圍	埠號類別	說明
0～1023	已知埠號	適用於一般的伺服器軟體
1024～49151	註冊埠號	適用於各廠牌專用的伺服器軟體
49152～65535	動態埠號	適合用戶端隨機指定

使用網頁伺服器 (HTTP) 時，TCP 的 Port 80 的任務就是等待用戶端提出服務的要求，當接收端通訊埠收到 TCP 通訊埠所傳送的 Port 80 資料後，就會將該資料轉送給網頁伺服器。

11 埠號的使用方法

埠號是電腦在用來識別哪些應用程式正在執行動作的一組數字，實際上它是如何運作的呢？本節將以網頁用戶端存取網頁伺服器為例說明埠號的使用方法。

● 由用戶端連線伺服器（請求：Request）

① 當用戶端電腦一收到網頁瀏覽器所傳送的請求資料，就會由動態埠號中隨機選出一組數字，作為來源埠號，接著在目的埠號附加用來表示網頁服務的「80」後，就變成所謂的「區段」。

② 用戶端電腦將對 IP 和乙太網路上的資料進行封裝，接著再將資料傳送到網頁伺服器。

③ 網頁伺服器會對乙太網路和 IP 上的資料解封裝，並檢查目的埠號，目的埠號必須為「80」，因為「80」是用來表示網頁服務的埠號，這麼一來，請求資料就能被傳送到用以提供網頁服務的伺服器軟體。伺服器軟體負責處理用戶端所送出的請求，並且產生回應資料。

● 由伺服器連線用戶端（回應：Response）

① 當網頁伺服器接收到伺服器軟體所傳送的回應資料後，就會將用來表示網頁服務的「80」附加在來源埠號中，接著再將所收到的區段其來源埠號附加到目的埠號，即成為完整的「區段」。

② 網頁伺服器將對 IP 和乙太網路上的資料進行封裝，接著再將資料轉送到用戶端電腦。

③ 用戶端電腦將對乙太網路和 IP 上的資料解封裝，並檢查目的埠號，目的埠號是送出請求時電腦隨機所配發的號碼，藉由這個號碼和網頁瀏覽器建立相關性，如此就能將資料傳送回網頁瀏覽器。

補充 來源埠號的範圍依作業系統而異，Windows Server 為「49152～65535」，CentOS 為「32768～61000」。

看圖學觀念！

●一起來瞭解請求和回應的流程吧！

用戶端進立連線(request)和伺服器送出回應(response)的流程。

用戶端建立連線(請求)

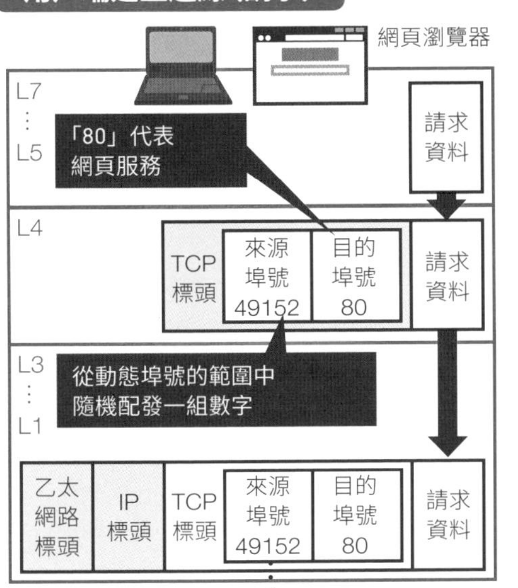

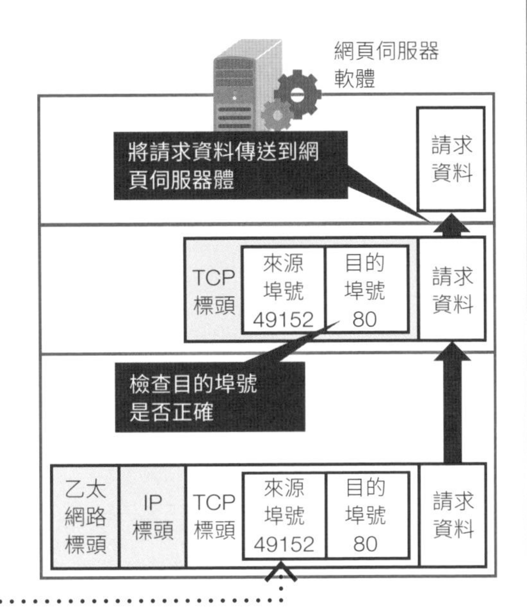

由伺服器連線用戶端(回應)

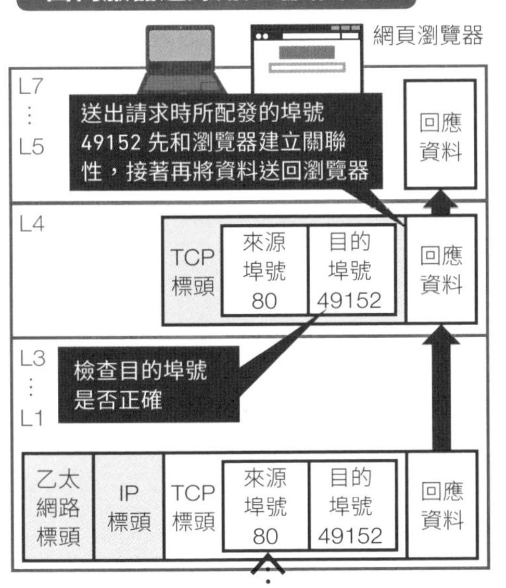

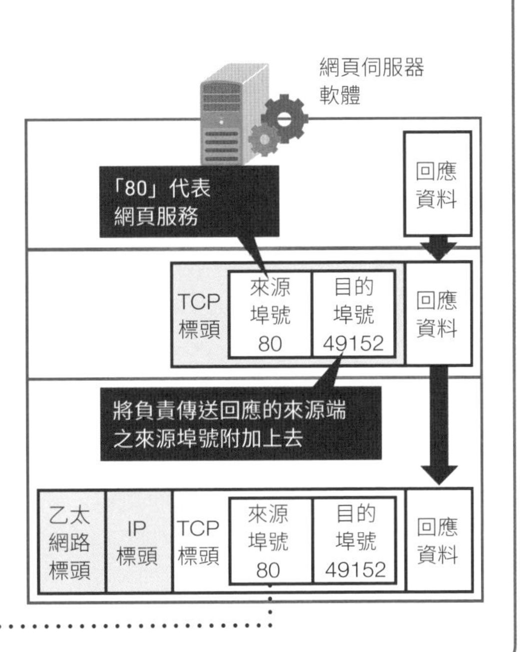

12 NAT 和 NAPT

若要將企業、家用區域網路所使用的私有 IP 位址轉換為網際網路所適用的公用 IP 位址，必須透過以下兩種稱為「**NAT(Network Address Translation：網路位址轉換)**」以及「**NAPT(Network Address Port Translation：網路位址埠轉換)**」的技術，NAT 和 NAPT 會透過用以連結區域網路和網際網路的路由器及防火牆來執行處理作業。

● NAT 以一對一方式轉換 IP 位址

NAT 先透過一對一的方式為私有 IP 位址和公用 IP 位址建立關聯性，接著再進行轉換，當區域網路連線到網際網路時，NAT 就會開始轉換傳送端 IP 位址，反之，若是由網際網路連線到區域網路時，這時候轉換對象就變成接收端 IP 位址了。

● NAPT 負責轉換 IP 位址和埠號

NAPT 透過 n 對一的方式為私有 IP 位址和公用 IP 位址建立關聯性，接著再進行轉換，當區域網路連線到網際網路時，除了轉換傳送端 IP 位址外，NAPT 還會藉由轉換來源埠號的方式，執行 n 對 1 轉換。接下來我們以區域網路中的用戶端和網際網路上的伺服器互相通訊為例，具體說明 NAPT 的處理經過。

① 當路由器收到用戶端所傳送含有傳送端 IP 位址的封包時，它會將私有 IP 位址轉換為公用 IP 位址，同時，它還會轉換來源埠號，並將該轉換資訊儲存起來，再轉送給伺服器。

② 當伺服器收到用戶端所傳送的封包後，就會將處理結果送回用戶端。

③ 路由器會根據第 1 個步驟所完成的轉換資訊，將路由器所收到的封包接收端位址及目的埠號復原，接著再送回用戶端。

補充 廣義的 NAT/NAPT 指的不僅是公用 IP 位址和私有 IP 位址，還包含了 IP 位址的各種轉換技術。

看圖學觀念！

●NAT 和 NAPT

NAT 和 NAPT 皆是用來將私有 IP 位址轉換為公用 IP 位址的技術。

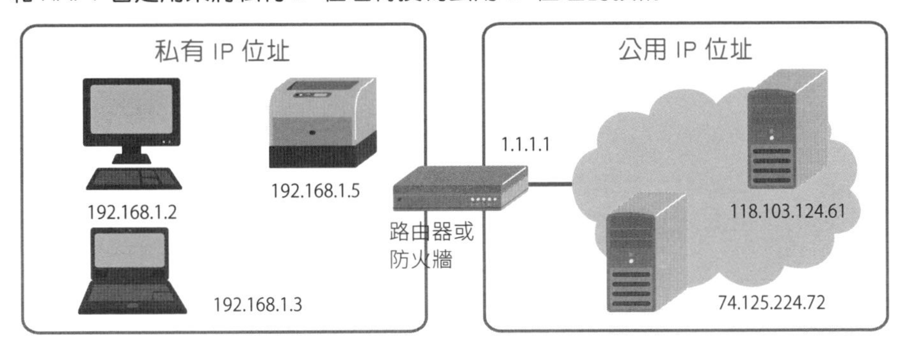

NAT 會為 1 組私有 IP 位址及 1 組公用 IP 位址建立關聯性。
目的是為了在網路上公開伺服器。

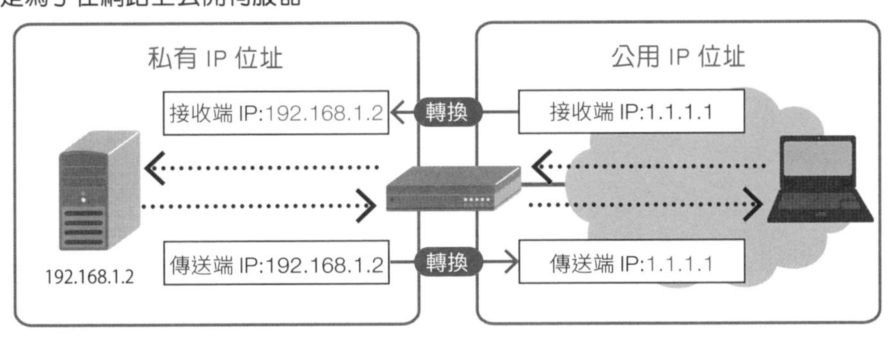

除了 IP 位址外，NAPT 還會利用埠號，
將 1 個公用 IP 位址轉換為多個私有 IP 位址。
目的是為了讓區域網路上的電腦能夠連線到網際網路。

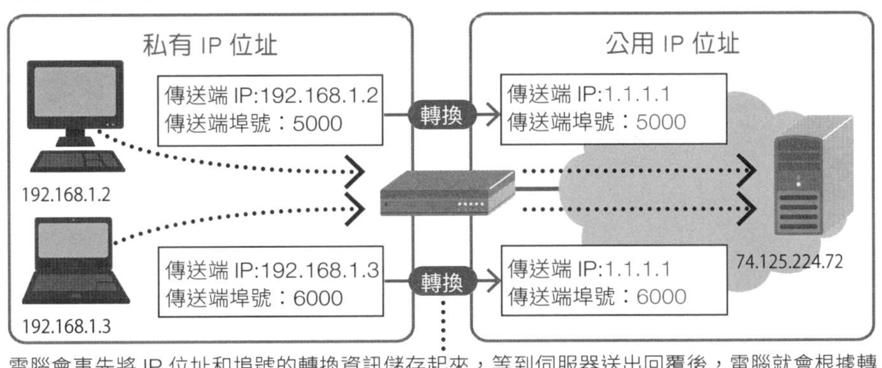

電腦會事先將 IP 位址和埠號的轉換資訊儲存起來，等到伺服器送出回覆後，電腦就會根據轉換資訊的內容，將封包送回位於傳送端的用戶。

COLUMN

讓人趨之若鶩的新網路技術？

事實上，實際運用在網路上的通訊協定僅是少數，但這並不意味著網路技術一成不變，事實上不斷地有新技術推陳出新，其中一個喊了很多年的技術就是「IPv6 (Internet Protocol Version 6：網際網路協定第六版)」。IPv6 將 IP 位址這個識別碼由 32 位元擴充至 128 位元，這麼一來，可供配置的 IP 位址數就一下子從 42 億個 (2 的 32 次方) 擴增到 340 兆兆兆個 (2 的 128 次方，也就是 340 後面加 36 個零)。由於公用的 IPv4 位址枯竭，造就了 IPv6 出場的機會，起初也有許多報導力陳「推動 IPv6 勢在必行」，然而，現在看起來 IPv4 似乎也還沒走到山窮水盡的一刻，這讓大多數的網路工程師紛紛質疑，「當真有必要切換到 IPv6?」難道這是個陰謀論？即使以現今 2018 年的時點來看，以使用者的角度而言，IPv6 完全談不上普及二字。

再說到另一項新技術「SDN(軟體定義網路)」，這是一種透過使用者自行編寫的軟體，進行管理及控制的虛擬網路，或是用來架構該網路的一項技術。SDN 可供使用者自行控制應用程式流程 (Application flow)，並以單一方式管理整個網路。SDN 跳脫了 OSI 模型既有的框架，執行作業的靈活性更高，當時確實讓網路業界眼睛為之一亮，一度被視為值得期待的新星，然而，實際使用後，卻發現它的限制條件頗多，目前仍是一個發展中的新興網路技術。

當然，是否使用新技術本是個人的自由，不過，網路需要絕對的穩定性，在此前提下，新技術就不見得絕對有利，切記，使用任何新技術前皆需要深入的瞭解與認識。

Chapter

3

從七大面向建立架設前置知識

本章將從七個不同的角度說明建置伺服器前所應具備的知識，例如是要選擇內部部署或是選擇雲端服務商……需要決擇千頭萬緒時可作為參考。

01 本章內容概要

建置伺服器前，有許多攸關伺服器擴充以及維運管理的重大議題需要好好思考，例如伺服器軟體打算安裝在哪一種作業系統的電腦上？電腦又設置在哪裡呢？**實際建構系統前必須逐項謹慎思考，若說這個步驟對於整個系統扮演著舉足輕重的影響，可一點也不為過。**

和過去相比，近幾年在電腦發展上，類型多得讓人眼花撩亂，相對地購買時的選擇也比以前多得多。甚至，也有不用電腦，選用雲端業者的伺服器服務。各選擇都各有利弊，本章將簡化成「哪裡」和「哪一種」這兩個角度，分作 7 大議題帶您思考伺服器運作的環境及硬體類型，這 7 大議題將分別於後續各節說明。

● 伺服器要設置在哪裡？

① **運作型態**：內部部署 (On-premise) / 雲端 (使用雲端伺服器)

② **設置地點**：設置於公司內部 / 設置於資料中心

● 設置哪一種伺服器？

③ **採用虛擬化技術**：虛擬伺服器 / 實體伺服器

④ **實體伺服器的類型**：直立式 (Tower) / 機架式 (Rack) / 刀鋒式 (Blade)

⑤ **硬體規格**：CPU/ 記憶體 / 儲存設備 / 網卡

⑥ **作業系統 (OS) 的類型**：Windows 系統 /UNIX 系統

⑦ **服務提供型態**：專用伺服器 (特定功能)/ 泛用型伺服器

看圖學觀念！

●設置哪一種類型的伺服器？設置在哪裡？

伺服器軟體要安裝在哪種作業系統的電腦上？電腦又設置在哪裡呢？這些問題都攸關了伺服器擴充以及維運管理等作業。
抽絲剝繭、理解各種選項的優缺點是極其重要的。

伺服器要設置要哪裡？

● 伺服器為公司自行營運管理？還是委託雲端服務業者管理？

自行營運管理　　由雲端服務業者管理

● 若選擇自行營運，多半是設置在公司內部。常可看到大企業有資料中心又是什麼？會是選項嗎？

設置於公司內部

資料中心？

設置哪一種伺服器

● 捨實體伺服器，選擇虛擬伺服器？

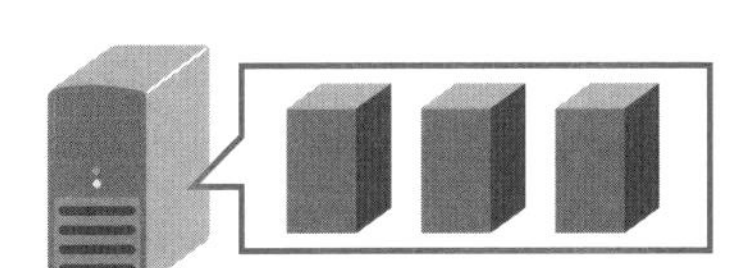

● 若選擇實體伺服器，您屬意哪一種外觀呢？

直立式

機架式

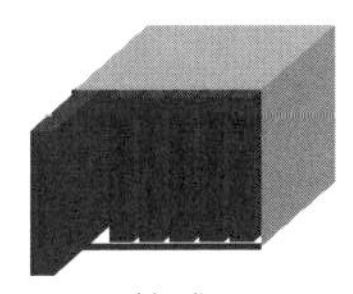

刀鋒式

● 伺服器的硬體規格

● 伺服器的作業系統

Windows

UNIX

● 特定功能伺服器？還是泛用型伺服器？

專用伺服器

02 內部部署(On-premise)型和雲端型

伺服器的運作型態大致可分為由公司內部自行營運管理的「**內部部署(On-premise)型**」和使用雲端服務的「**雲端型**」兩種。

「**內部部署(On-premise)型」就是由公司自購設備並負責系統營運管理之責**，也就是長久以來最常見的系統運作型態。「內部部署(On-premise)型」的特色是網路設備和伺服器皆為公司所有，因此可以依照公司需求自行決定架構，並能機動地連結既有的系統，一旦發生故障，可迅速掌握狀況，更利於故障排除。不過，包括設備、授權、設置空間等所有的設備都必須自行採購，除了花費相當的成本外，從準備開始到實際上線營運所耗費的時間更是不計其數。

「**雲端型」則是由雲端服務業者持有設備，並負責系統營運管理之責**，由於設備為雲端服務業者所有，因此無需耗時架構系統或採購設備，此外，伺服器的規格也能依實際狀況隨時更動，因此它的特色就是更能隨機應變，更改伺服器不同的規格需求。而從缺點來看，「雲端型」只能在既有的雲端框架下架構系統，無法超越既有的框架範圍，缺乏靈活性；此外一旦發生故障，只能任憑雲端服務業者處理，無法隨時掌握狀況，當然也難以進行相關的故障排除。

當雲端型這一類的運作型態剛推出之際，市場上熱不可遏的雲端熱潮，許多企業紛紛改用雲端服務，然而，隨著時間更迭，前述的雲端服務問題漸漸地浮出檯面，因此才發展出新的運作型態，那就是「**混合雲(Hybrid Cloud)**」的誕生。

「**混合雲(Hybrid Cloud)」透過 VPN(Virtual Private Network：虛擬私人網路)連結位於公司內部的「內部部署(On-premise)」環境及雲端服務業者所設置的雲端環境**，集結兩者之優點。

補充：針對 VPN 連線的概念我們在 5-12 節會再介紹。

看圖學觀念！

●伺服器的運作型態

伺服器的運作型態大致可分為由公司內部自行營運管理的「內部部署（On-premise）型」和透過雲端服務運作的「雲端型」等兩大類型。綜合連結這兩型的方式則稱作「混合雲」。

內部部署（On-premise）型

由公司自購設備並負責系統營運管理之責，是最傳統的運作型態。

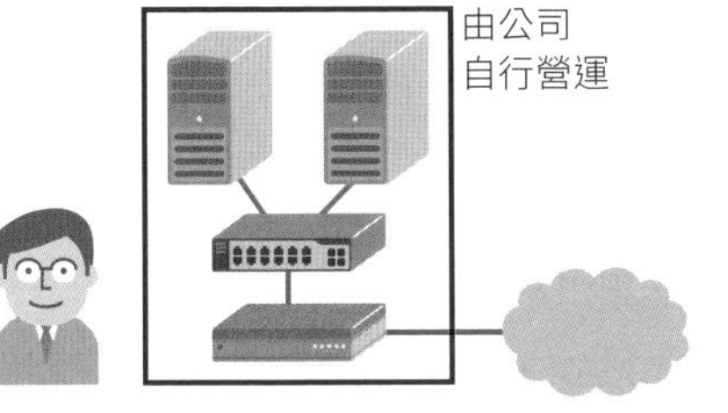

伺服器的設置地點通常都是公司內部。較具規模者則位於資料中心。

優點

- 可依實際需求，自行決定架構。
- 更便於連結既有的系統。
- 更容易掌握故障的狀況，有利於故障排除

缺點

- 所有的設備皆需自行採購，因此不但花費相當的成本，從採購到實際上線營運所耗費的時間更是不計其數。

雲端型

由公司自購設備並負責系統營運管理之責，是常見的傳統運作型態。

可使用由伺服器等資源所提供的所有服務。

優點

- 無需耗時架構系統或採購設備。
- 能隨機應變，
  更改伺服器不同的規格需求。

缺點

- 只能在雲端服務業者所提供的設備框架下架構系統。
- 一旦發生故障，大多只能任憑雲端服務業者處理，可著力的地方有限

混合雲

透過 VPN 連結「內部部署（On-premise）」環境及雲端環境的運作型態。

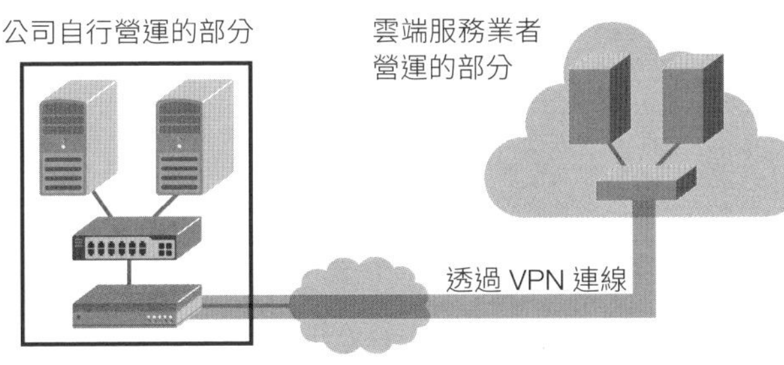

03 雲端服務的類型

雲端服務為我們帶來許多的好處，像是減少營運管理成本或是提升系統架構的速度等，雲端服務的型態大致可分為「IaaS」、「PaaS」和「Saas」等三大類型，本節將針對這 3 型說明如下。

● IaaS(Infrastructure as a Service：基礎設施即服務)

Iaas 就是提供記憶體、CPU 或儲存設備等基礎設備的一種雲端服務類型，像是 Amazon Web Services(AWS) 的 EC2 或是微軟的 Azure 都屬於 IaaS，系統管理者只需選擇所需的記憶體或儲存設備容量、或是 CPU、作業系統的類型等硬體條件，IaaS 業者就會提供尚未安裝應用程式軟體的空伺服器供使用者使用。

● PaaS(Platform as a Service：平台即服務)

PaaS 是 IaaS 的擴充版本，是進一步提供程式開發平台的雲端服務類型。像是 Salesforce 的 Force.com 或是微軟的 Azure 皆屬於本型，除了 IaaS 的架構外，PaaS 提供了可供程式語言或資料庫應用程式等應用程式運作的平台。

● SaaS(Software as a Service：軟體即服務)

SaaS 是一種以服務方式提供軟體的雲端服務類型，系統管理者可透過雲端使用軟體服務，使用者只要存取業者所預備好的網址並進入網頁瀏覽器，即可使用本服務，像是我們耳熟能詳的 Gmail 或 Google map 都屬於此類型，IaaS 或 Paas 必須考量基礎設備等因素，SaaS 將此部分交由業者代勞，因此大大省卻提高了管理工作。

補充 大家必須先掌握一個基本的概念，那就是依管理的需求程度來看，依序為 IaaS → PaaS → SaaS，順序愈後面表示管理起來愈輕鬆，不過，相對地，可設定的範圍也愈小，靈活性也愈低。

看圖學觀念！

●雲端服務的 3 種型態

雲端服務的型態可大致分為「IaaS」、「PaaS」和「Saas」等三大類型。

IaaS(Infrastructure as a Service：基礎設施即服務)

Iaas 提供記憶體、CPU 或儲存設備等基礎設備。

系統管理者透過管理畫面選擇硬體架構

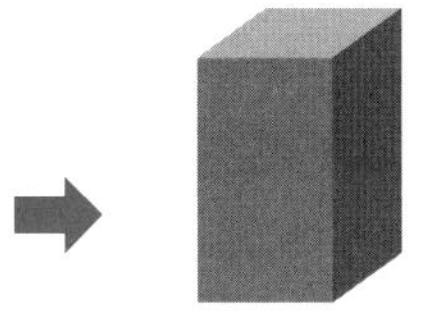

提供規格正確的伺服器以供使用

不過需自行架構所需的程式開發環境

PaaS(Platform as a Service：平台即服務)

PaaS 提供運算平台與解決方案服務。

雲端服務業者進一步提供程式開發平台供系統管理者使用

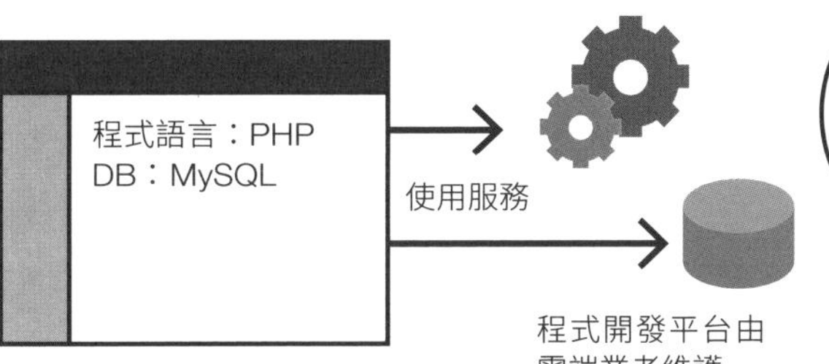

程式開發平台由雲端業者維護

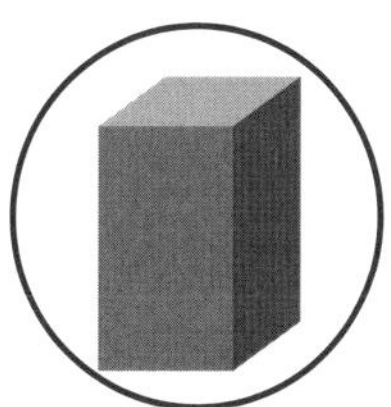

與 Iass 相同，伺服器由服務商提供，可自訂硬體架構

SaaS(Software as a Service：軟體即服務)

SaaS 提供軟體服務，例如企業用 Gmail 郵件服務。

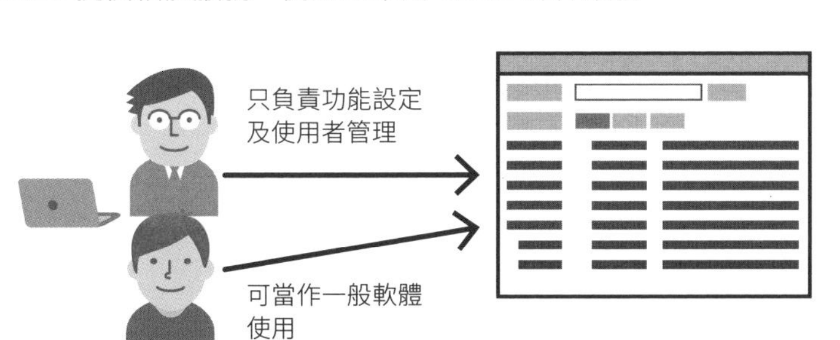

完全不需要考量伺服器或在上面運作的資料庫等

04 公司內部與資料中心

若您選擇的運作型態是「內部部署(On-premise)型」，那麼接下來所必須考量的問題就是系統該設置在哪裡？多數的企業都是選擇在企業內部「自設伺服器機房」，也就是公司裡騰出部分空間配置作為伺服器專用區域。然而也常可見到大規模公司或政府機關設置放置伺服器的「資料中心」，集中保管重要的 IT 資產。這兩者的選擇取決於「設備」、「成本」及「服務支援」等幾個要素。

● 設備

公司裡自設伺服器機房充其量只是辦公室的一部分，要設置伺服器或儲存設備，**必須升級電源設備、空調設備及耐震設備等各種設備，以達到相應的等級**。相對地，資料中心的設備則已經過加強並達到最佳化，因此不需要特別考慮前述因素。

● 成本

資料中心通常規模較大，機櫃費用、電費、冷卻系統、維護管理費等都是龐大的數字，也因此小規模企業較難負擔。

● 服務支援

公司裡的伺服器機房由於位於自家辦公室內部，除非特殊情況，否則一般皆能立刻提供支援。至於資料中心可大致分為「都會型」和「郊區型」兩種，位於都會區的資料中心就稱為「都會型」，離都會較遠的資料中心則稱為「郊區型」，想當然爾，「郊區型」難以在發生緊急狀況時即刻提供支援與採取相關因應。不過，距離因素對於面積不大的台灣來說比較不會是問題。

補充　為了提高內部走道的冷卻效率，資料中心採用「冷通道」以集中吹送到伺服器的冷空氣，同時設置「熱通道」集中排放熱風。

看圖學觀念！

●伺服器設置環境

伺服器必須保持隨時可供使用的運作狀態，因此必須從實體的觀點預設各種可能的故障狀況。

考量重點	理由
散熱對策	當伺服器內部溫度過高時，伺服器就會當機，因此設置地點需要空調設備，並做好溫度管理
電源對策	要供應穩定的電力給伺服器，必須妥善做好停電因應對策及電源容量、電源系統管理
地震對策	為了避免伺服器在地震時傾倒，必須備妥耐震及抗震設備，如滾動式隔震平台
安全性對策	為了避免不必要的第三人窺探伺服器的重要資料，設置地點需要上鎖或是增加門禁管理等措施

●多數公司均自設伺服器機房

優點

● 伺服器一旦發生故障，立刻就能因應

缺點

● 公司裡必須備妥相關的電源設備、空調設備或耐震設備等

●大企業採用的資料中心

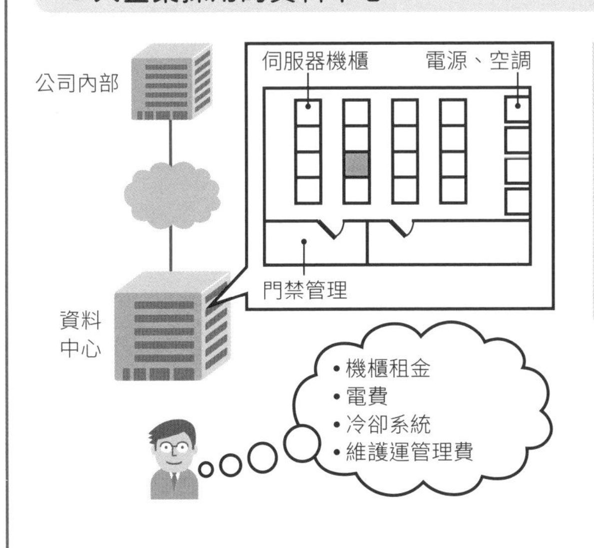

優點

● 電源設備、空調設備或耐震設備等都是高規格

缺點

● 尤其對於郊區型來說，伺服器一旦故障，無法立刻前往中心解決問題

05 伺服器的虛擬化

虛擬伺服器最大的優點在於管理面

伺服器虛擬化是將系統虛擬化技術應用於伺服器上，將一個伺服器虛擬成多個伺服器使用。主要是透過虛擬化軟體將硬體（CPU、記憶體或儲存硬碟等）進行邏輯分割，再配置給作業系統（OS），達到虛擬多個伺服器的目的。執行伺服器虛擬化作業的伺服器，即稱為「**虛擬機器 (Virtual Machine)**」、或「**虛擬伺服器**」。

伺服器虛擬化可將好幾台實體伺服器整合為一台，可以精簡空間及硬體設備。通常還可透過「**即時移轉（Live migration）**」以及「容錯（Fault tolerance）」等功能，將虛擬機器移動至其他的伺服器以及建立備援，達到高可用性 (High Availbility)，確保服務不中斷。以現在的時點來說，伺服器虛擬化已經是潮流所趨，是不可或缺的技術。

伺服器虛擬化可能產生的效能低落問題

伺服器虛擬化乍看之下優點很多，但仍有其缺點存在，最需要考量的就是「效能低落」的問題。由於虛擬伺服器的硬體規格相較於實體伺服器都會打折（其規格是從實體伺服器分割而來），建構時必須確實掌握虛擬化對於效能低落所造成的影響，並在選擇硬體規格時，將該影響納入考量。此外，像是資料庫伺服器這一類具有高效能需求的伺服器，或是如 NTP 校時伺服器等需要即時性的類型，**不適合貿然執行虛擬化，建議最好架構實體伺服器，避免拖垮系統的效能**。

補充　伺服器虛擬化的運作全都拜網路所賜，因此要讓伺服器虛擬化，最好選擇內建網卡的設備。

看圖學觀念！

●對硬體進行邏輯分割

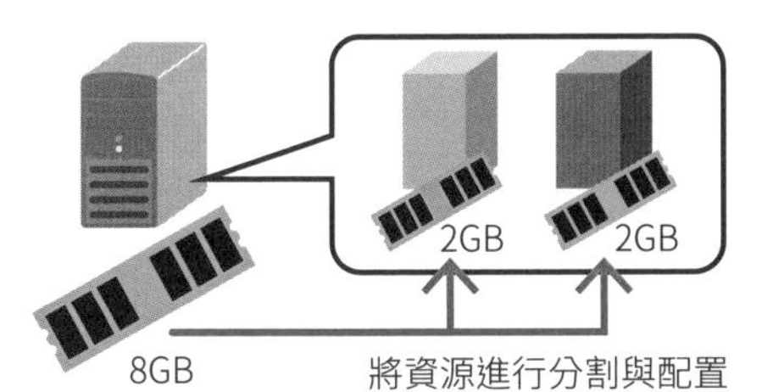

「伺服器虛擬化」就是透過虛擬化軟體，將實體伺服器的硬體進行邏輯分割。

●伺服器虛擬化的各種優點

減少實體伺服器的用量，設置空間更精簡

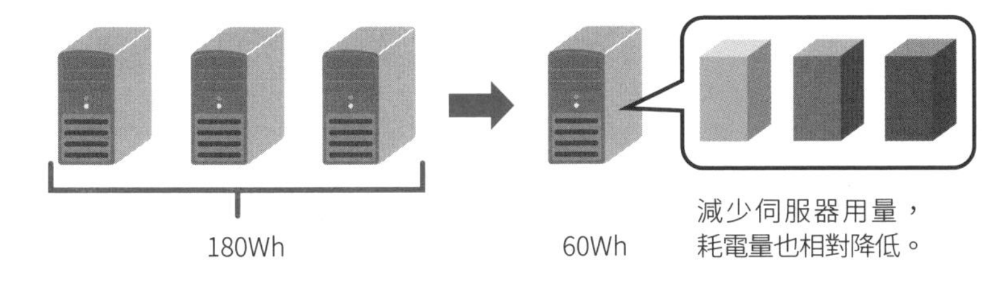

有效運用過剩的 CPU 或記憶體等資源

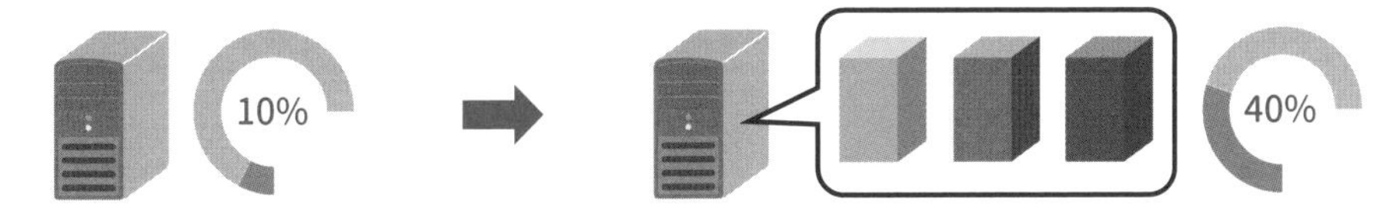

即時移轉

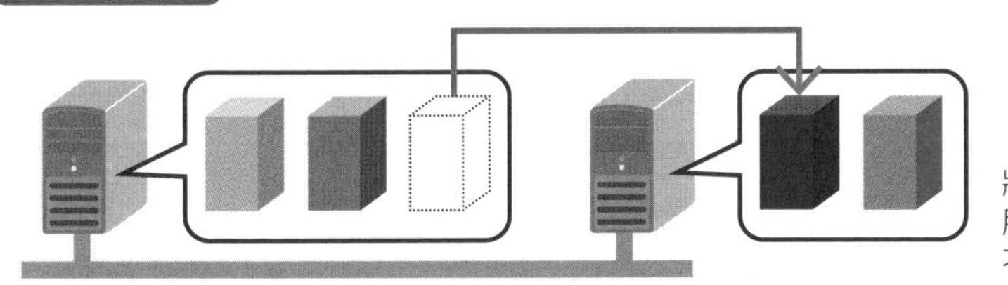

將虛擬機器移動至其他實體伺服器的功能。移轉時能讓服務不中斷。

容錯系統

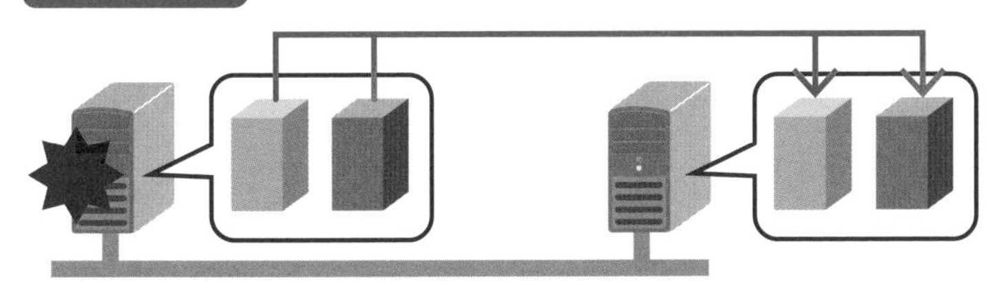

此功能可先將某個虛擬機器所建立的完整複製品配置到其他實體伺服器，當原來的虛擬機器發生故障時，複製品就能取而代之繼續執行服務了。

06 虛擬化技術的型態

伺服器虛擬化必須透過虛擬化軟體 (Virtual Machine Monitor、或稱 Hypervisor) 來達成，虛擬化軟體大致可分為兩種，第一種是不用先安裝作業系統就能運作的 Hypervisor 型態 (或稱 Bare-metal Hypervisor，為 Type 1)；另一種則是必須先安裝作業系統才能運作的 **Host OS 型態** (或稱 Hosted Hypervisor，為 Type 2)。底下先從多數人比較常接觸的 Host OS 型態來介紹。

● Host OS 型態

「Host 型態」是先將虛擬化軟體安裝在作業系統 (Host OS) 中，再接著安裝虛擬機器 (裡頭有 Guest OS) 來運作。像 VMware 公司推出的 VMware Player 和 VMware Fusion，以及 Oracle 公司的 Virtual Box 等都屬於此類型的虛擬化技術。

Host OS 型態的虛擬化軟體使用簡便，只要安裝在電腦裡，就能輕鬆啟用，即使虛擬機要建立簡單的驗證環境，它也稱得上是一項不錯的選擇。不過，由於是執行 Host OS 之後再執行 Guest OS，所耗資源較大，比較可能發生延遲處理的情形，所以這種型態並不適合正式環境使用。

● Hypervisor 型態

「Hypervisor 型態」是直接安裝虛擬化軟體作為底層作業系統，藉以運作虛擬機器。像 VMware 公司推出的 vSphere、Citrix System 的 Xen Server，或是微軟的 Hyper-V 等都屬於此類型。有別於 Host OS 型，此類型不採用 Host OS 和 Guest OS 的概念，所有的虛擬機器皆可在虛擬化軟體 (Hypervisor) 的工具程式上同時執行動作。

此類型免使用 Host OS，只需耗用虛擬化軟體的資源，因此比較不會造成延遲處理的情況，大多用在提供正式服務的環境中。

補充 近年業界推出一種新的虛擬化型態，稱為「Container(容器)」，其中又以「Docker」最具代表性。「Container(容器) 型」會在作業系統中建立容器 (Container)，以打造應用程式所需的環境。

看圖學觀念！

●虛擬化技術的各種型態

虛擬化技術是透過虛擬化軟體（Hypervisor）來達成，大致可分為「Host OS 型態」和「Hypervisor 型態」兩種。

不採行虛擬化

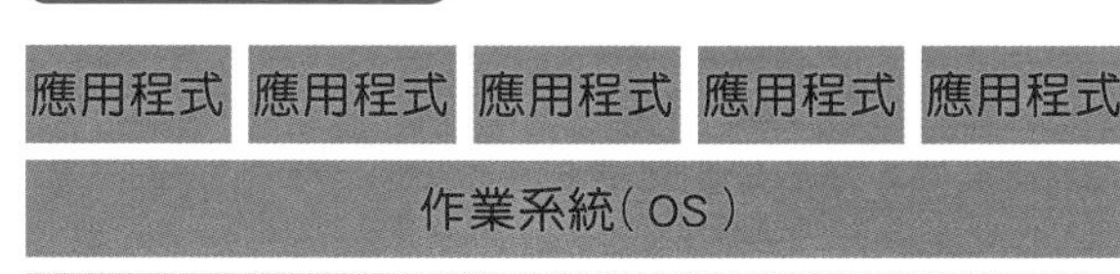

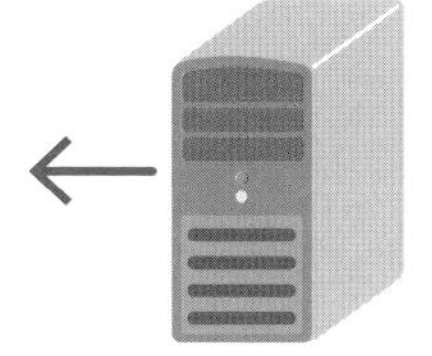

以 1 台實體伺服器來運作 1 套作業系統。

Host OS 型態

一般的電腦也能輕鬆安裝，不過，若想在 Host OS 上進一步執行 Guest OS，就會造成虛擬機器動作緩慢。

知名軟體：
- VMware Player
- VMware Fusion
- VirtualBox

以 1 台實體伺服器來運作 2 套作業系統（虛擬機器）。

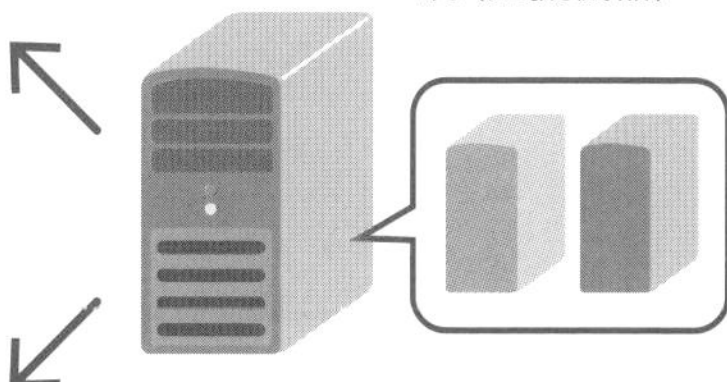

Hypervisor 型態

直接在硬體上安裝、運作，虛擬機器執行動作更輕鬆。

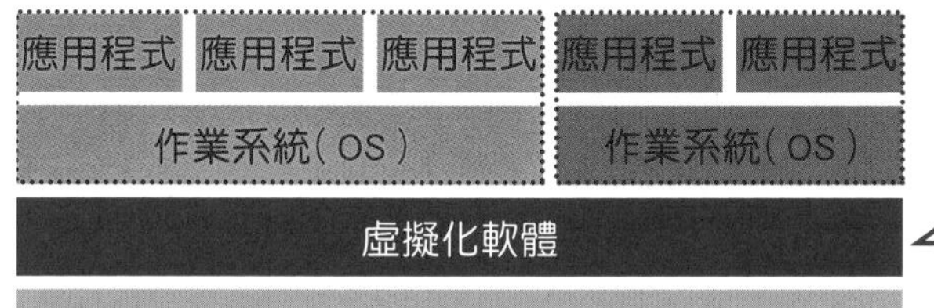

知名軟體：
- vSphere
- Xen Server
- Hyper-V

07 伺服器的機櫃類型

決定採用「內部部署 (On-premise)」來建構伺服器後，接下來要考慮的就是伺服器軟體應該設置在哪一種硬體上。之前提過無論您所選擇的硬體是甚麼，只要運作伺服器軟體，立刻就能搖身一變為伺服器，不過即便如此，若是用一般的家用電腦作為處理機密資料的伺服器，難免令人心生疑慮，因此應依據系統需求與重要性，選擇適合的硬體。

● 電腦和伺服器所適用的硬體並不相同

伺服器使用的硬體必須選擇高效能的規格，才能達到提升使用效率及可靠性的目標，比方說，以 CPU 來說，Intel 公司推出一款名為「Xeon」的高階機型，AMD 則有「Opeteron」等伺服器專用的機型。另外，若以儲存設備來說 (HDD/SSD)，則必須具備多個儲存空間，即使其中一台硬碟機故障，也能利用其他的硬碟執行處理作業。

● 伺服器機櫃外型

一般來說，伺服器的機櫃外型可大致分為「**直立式 (Tower)**」、「**機架式 (Rack)**」和「**刀鋒式 (Blade)**」等 3 種。

「**直立式**」的外型和一般桌上型電腦相同，除了效能提升外，也具備絕佳的靜音效果、擴充性強並採用散熱設計，是中小企業最常使用的類型。

「**機架式**」伺服器採取將專用的收納機櫃一層一層往上疊的型態，機櫃大小有通用的尺寸標準，以 Uuit 為單位，1 unit 的機櫃稱為「1U」。此類型適合想將有限空間做最大運用的情況，像是資料中心或大企業的伺服器機房等。

「**刀鋒式**」是將伺服器插入一種被稱為「機箱 (Chassis)」的形態，相較於「機架式」更能達到高密度配置。「刀鋒式」和「機架式」同樣是資料中心或大企業所愛用的機櫃外型。

看圖學觀念！

●伺服器和電腦的差異在於效能和可靠性

雖然一般的家用電腦只要安裝伺服器軟體，就能搖身一變成為伺服器，不過，伺服器若是要用來存放重要的商用資料，選擇硬體時就必須以連續運作為前提。

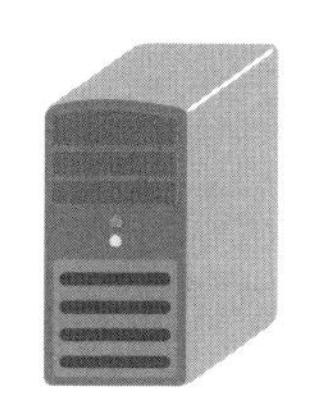

一般電腦的特徵

- 不以長時間運作為前提，重視多媒體功能、可攜帶性、便宜等因素。

伺服器的特徵

- 以 24 小時 365 天全年不間斷運作為前提，因此零組件需具備高品質、低故障特性。

伺服器的類型	概述
PC 伺服器 (IA 伺服器、x86 伺服器)	基本設計和電腦幾乎相同，零組件品質要求高，配備多個 CPU 或記憶體，採用備援式電源。以伺服器來說，價格低廉。
UNIX 伺服器	CPU 內建 RISC 或 IA-64 處理器，可靠性高於 PC 伺服器，但價格相對也較高。

●伺服器的機櫃外型

伺服器的機櫃外型可分為「直立式」、「機架式」和「刀鋒式」等 3 種。

直立式

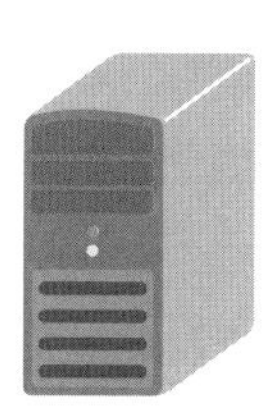

外型和直立式桌上型電腦相同，絕佳的靜音效果、擴充性強並採用散熱設計。

機架式

採取將專用的收納機櫃一層一層往上疊的型態，相較於「直立式」，設置空間更精簡，以 Uuit 為單位，1 unit 的機櫃稱為「1U」。

刀鋒式

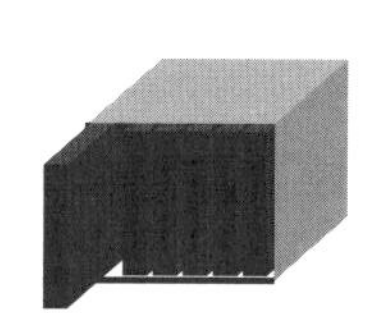

採用一種將伺服器插入稱為「機箱 (Chassis)」的形態，比機架式更能達到高密度配置。

08 架構伺服器所需的零組件

與伺服器較相關的電腦零組件包括「**CPU(中央處理器)**」、「**記憶體**」、「**儲存設備**」和「**網路卡(Network Interface Card，簡稱為 NIC)**」。伺服器透過提高這些零組件的效能，達到提升效率及可靠性的目標。

● 提高伺服器專用零組件的效能

早期 CPU 是藉由提高時脈頻率的方式來提升處理能力，之後取而代之的**改以增加核心的做法達到增強處理能力的目的**，像 Intel 公司所推出的 Xeon 和 AMD 公司的 Opteron，都屬於伺服器專用的 CPU，這些 CPU 配備多處理器 / 多核心配備來提升處理能力。

而記憶體也隨著作業系統升級至 64 位元，讓可配製的記憶體容量一舉大增，隨著容量增加系統也變得更多工、高速。伺服器專用記憶體內建「**ECC(錯誤檢查及修正)機制**」和「**記憶體鏡射(Memory mirroring)**」功能，因此能提高可靠性。

儲存設備也和記憶體一樣，容量變大，也變得更高速了，早期多半使用 HDD(硬碟 Hard Disk Drive)，近來 SSD(固態硬碟：Solid State Drive) 已經成為常見的配備。選擇伺服器時，應根據不同的用途來抉擇，比方說，HDD 主要負責寫入動作，SSD 則負責讀取，**伺服器專用的儲存設備內建「RAID(獨立式磁碟備援陣列)」，具有備援功能，可提高伺服器的可靠性**。

在網路卡方面，儘管它並不像記憶體或儲存設備一樣發展迅速，但這幾年它也慢慢朝向高速化演進當中，近來以 GB 級乙太網路卡為主流，10GB 乙太網路卡也有日漸成長的趨勢。伺服器大多配有多張網卡，**透過「群集(Teaming)」功能，將多張網卡群集成為一張邏輯網路卡，藉以增加邏輯頻寬，並達到互相備援的目的**。

針對 RAID 或者 Teaming 技術會在第 6 章有詳細說明。

看圖學觀念！

●根據伺服器所需要的規格，選擇四大零組件

伺服器重要的零組件有「CPU」、「記憶體」、「儲存設備」和「網卡」等，應根據伺服器用途選擇適合的零組件。

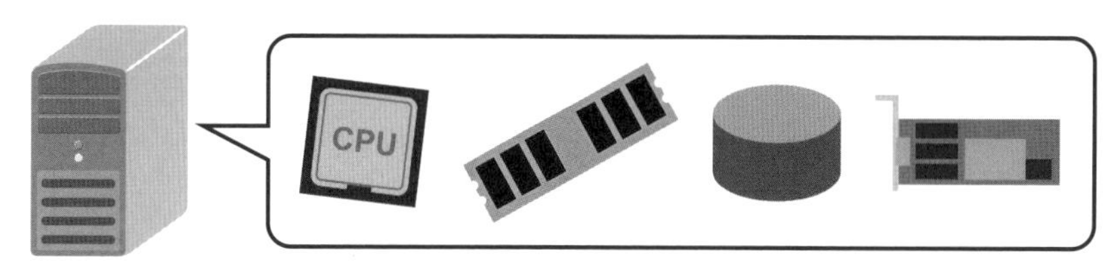

CPU

內部部署（On-premise）

- 頻率（時脈）愈高，處理能力就愈強。近幾年隨著 CPU 核心（主要的運算區）處理器增加，處理能力亦更上一層樓。
- 1 個 CPU 配備多個核心處理器，稱為多核心，1 個電腦配備多個 CPU，則稱為多處理器。挑選時應考量處理能力與價格，在兩者之間取得平衡點。

雲端

- 硬體選擇權在於雲端服務業者，業者會以「相當於 x86 CPU　○ GHz 等級」來描述處理器等級。

記憶體

內部部署（On-premise）

- 除了記憶體容量外，還必須考慮資料傳送速度、耗電量和耐故障性等。
- 伺服器專用記憶體內建自動修復錯誤的「ECC（錯誤檢查及修正）機制」和記憶體備援，能事先將資料複製的「記憶體鏡射（Memory mirroring）」功能，藉以提高可靠性。

雲端

- 硬體選擇權在於雲端服務業者，透過記憶體和 CPU 性能互相搭配的方式，提供 1GB、2GB 等規格，讓使用者可從選單上選擇。

儲存設備

內部部署（On-premise）

- 除了儲存容量外，還必須考慮資料傳送速度等。
- 除了 HDD 外，以快閃記憶體作為儲存裝置的 SSD 也是常用的配備。SSD 雖較高速，但價格也較高，選擇時應依照用途挑選。

雲端

- 硬體選擇權在於雲端服務業者，業者同樣提供 HDD 和 SSD 等類型可供選擇。

網卡

內部部署（On-premise）

- 目前以 GB 級乙太網路卡為主流，也有部分使用者選用 10GB 乙太網路卡。
- 伺服器大多配有多張網卡，並透過「群集（Teaming）」功能，達到備援的目的。

雲端

- 硬體選擇權在於雲端服務業者，計費方式包含以 GB 為計費單位，或是指定頻寬上限等方式。

09 UNIX 或 Windows

專為伺服器能夠穩定運作所研發的作業系統稱為「**伺服器作業系統**」，除了將圖形處理和音訊這一類和服務並無直接關係的功能所耗費的資源降至最低，此外還增加了各種管理功能，以提供持續穩定的服務品質。伺服器作業系統可分為「**UNIX 伺服器作業系統**」和「**Windows 伺服器作業系統**」等 2 種，究竟要選擇哪一種，應依據可提供的服務、成本、技術支援等各種因素來決定。

以伺服器作業系統的始祖「UNIX」為基底所發展出的稱為「**UNIX 伺服器作業系統**」。「Linux」和 IBM 的「AIX」皆屬於此類型的作業系統。UNIX 伺服器作業系統主要透過在命令列輸入指令的方式（CLI：Command Line Interface，命令列介面）來操作管理，但這並不代表它無法利用滑鼠進行操作（GUI：Graphical User Interface，圖形使用者介面）。此外，若選擇免費的作業系統，基本上來說技術支援幾近於零，一旦發生故障只能自力救濟，不過，它在穩定性方面極為優秀，而且若是選擇免費的作業系統，還能省下授權費等相關初期投入成本。

另一個常使用的則是「**Windows 伺服器作業系統」，以熟悉的 Windows 作為伺服器專用作業系統，經調校最佳化而成**。像是「Windows Server 2012」和「Windows Server 2016」都屬於此類型的作業系統。此類型系統和 Windows 7、Windows 10 一樣屬於付費軟體，因此它的授權費等相關初期投入成本比 UNIX 伺服器作業系統來得高。不過優先是它和用戶端專用的 Windows 一樣，主要透過滑鼠來輸入操控，較為直覺。而且軟體供應商 - 微軟公司可提供付費或免費的技術支援，讓使用者能安心使用。

看圖學觀念！

●伺服器作業系統

為了伺服器所特別研發並調整為適合伺服器使用的作業系統。

用戶端電腦常用的作業系統為 Windows 或 MAC 等

伺服器也必須安裝作業系統。

伺服器作業系統可分為 UNIX 和 Windows 兩種。

UNIX 伺服器作業系統

以 UNIX 為基底所研發的作業系統。
最知名的 UNIX 伺服器作業系統為開放程式碼的 Linux 和 IBM 公司推出的 AIX 等。

特徵

- 主要透過在命令列輸入指令的方式來運作，剛開始需要一段時間才能習慣。
- Linux 提供多種套件（Distribution：發行套件）。
- 使用免費的 Linux 發行套件（Distribution）雖然能夠降低初期投入成本，但原廠不提供技術支援，凡事只能自力救濟。

Windows 伺服器作業系統

提高 Windows 效能，以符合伺服器所需。
包含 Windows Server 2012、Windows Server 2016 等。

特徵

- 圖形化介面操作，較容易上手。
- 軟體需付費，初期投入成本高於 UNIX 伺服器作業系統。
- 可獲得微軟公司所提供的付費、免費技術支援。

●知名的 Linux 發行套件

名稱	概述
Red Hat Enterprise Linux	由 Red Hat 公司所研發的商用 Linux 安裝套件，適合大型系統使用，為付費軟體
CentOS	去除了 Red Hat Enterprise Linux 商用部分的安裝套件，為免費軟體
Debian	由全球研發人員所共同開發出來的安裝套件，廣為許多企業所採用，屬於免費軟體
Ubuntu	以 Debian 為基礎所研發出來的安裝套件，屬於免費軟體

10 專用伺服器 (Appliance Server)

為了針對特定的服務或功能而製造出來的伺服器就稱為「**專用伺服器 (Appliance Server)**」，由於「專用伺服器」導入門檻低，而且運作管理也較容易，因此廣為許多企業所採用。最近幾年我們經常可以發現各種不同用途的專用伺服器，像是網頁伺服器、DNS 伺服器、代理伺服器 (Proxy server)、防火牆或是負載平衡器 (用來分散負載) 等。

● 導入及運作門檻更低

專用伺服器在出廠時已經安裝好作業系統或伺服器軟體了，因此導入門檻更低，此外，此類伺服器還備有設定精靈和運作管理工具，只要根據指示選擇項目，輕鬆即可完成設定，一旦發生故障，立刻就能採取更換設備等因應方式，運作也變得更輕鬆簡便。

● C/P 值高

專用伺服器已經刪去了一般硬體所不需要的功能，並且使用專用的軟硬體，因此能達到降低成本的目的。此外，它的特色就是採用最佳化的架構以提供服務，因此它的效能比泛用型伺服器來得高。

● 只能執行固定項目

雖然有著「導入門檻低、價格低廉、C/P 值高 ...」等優點，不過它可不是完美無瑕的！專用伺服器可設定範圍是固定的，因此**無法進行細部設定**。而且，它的硬體架構是固定的，必須透過特定工具才能升級，而且軟體架構也是固定的，**想擴展作為其他用途的伺服器使用也是無法作到的**。

補充　專用伺服器的設定畫面簡單明瞭，方便好上手，最適合用來瞭解單一類型伺服器的運作原理。

看圖學觀念！

●專用伺服器

採用專用硬體，而且伺服器作業系統和用來提供服務的軟體在出廠時皆已安裝好。

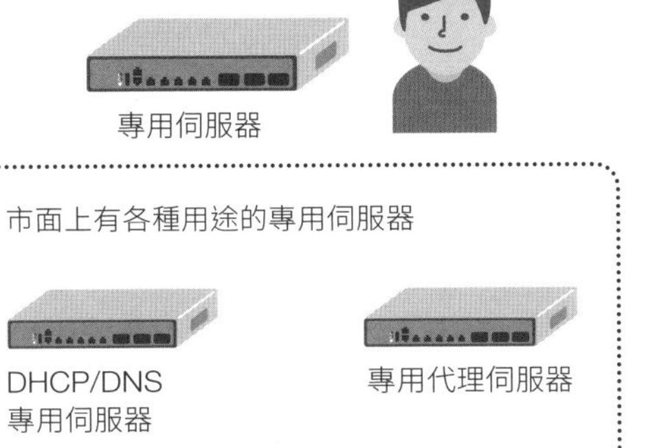

優點

- 軟體在出廠時已裝好，而且還備有專用的設定精靈，導入、設定更輕鬆。
- 最適合特定的服務或功能使用，可避免無謂的浪費，成本更低。
- 結構最佳化，適合特定服務或功能使用，C/P 值更高。

缺點

- 無法超過既定的範圍，進行更細部的設定。
- 無法將部分硬體升級，或是更換新軟體。

●泛用型伺服器

前面幾個章節所介紹的內容都是針對泛用型伺服器。

這一類伺服器只要安裝伺服器作業系統以及用來提供各種服務的軟體，就能搖身一變成為任何類型的伺服器，就和我們平常使用的電腦一樣。

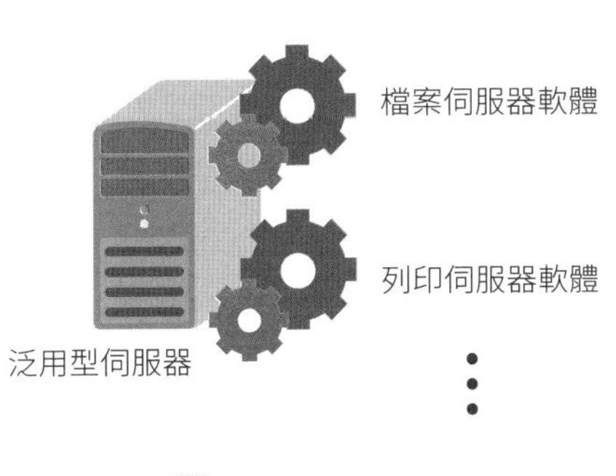

優點

- 可依個人需求，更動硬體架構。
- 1 台伺服器就能運作多種伺服器軟體。

缺點

- 必須安裝及設定軟體，而且需要專業知識才能管理伺服器。
- 可變身為各種類型的伺服器，價格相對較高。

11 虛擬專用伺服器

隨著伺服器虛擬化日益流行，有一種將實體的專用伺服器虛擬化、稱為「**虛擬專用伺服器**」的產品。上個單元提到實體的專用伺服器大多使用 UNIX 或 Windows 伺服器作業系統，在作業系統上編寫程式以執行特別的服務，或是透過該系統呼叫專用的硬體處理程序，達到處理高速化的目的。對於虛擬專用伺服器而言，無論是基礎作業系統、服務或是硬體處理，都是在虛擬機器管理員（Hypervisor）上執行。

● 虛擬專用伺服器的優點

虛擬專用伺服器的最大優點就在於「**完全不需要空間就能架設**」，實體的專用伺服器和機架式伺服器一樣，必須裝設在伺服器的機櫃中，想當然爾需要佔用空間來設置，虛擬專用伺服器則是一台虛擬機器，因此完全不佔實體空間。由於架設空間也屬於成本的一環，使用虛擬專用伺服器省下設置空間就能精簡成本。

● 虛擬專用伺服器的缺點

由於虛擬專用伺服器是透過虛擬化軟體來運作，因此相較於已經將硬體最佳化的實體專用伺服器，虛擬專用伺服器的效能會比較低，因此，不要盲目地使用虛擬專用伺服器，建議可以採用的做法是：**測試環境用虛擬專用伺服器，正式環境使用實體專用伺服器，兩者巧妙搭配，才能創造高效率**。

補充　除了伺服器外，網路設備導入虛擬化的時代也逐漸到來，這一波新的潮流與技術就稱為「NFV（Network Function Virtualization：網路功能虛擬化）」。

看圖學觀念！

●專用伺服器也能虛擬化，實體與虛擬妥善交替使用

執行特定功能的專用伺服器也能提供虛擬化服務，應掌握其優缺點，並妥善使用。

實體專用伺服器和虛擬專用伺服器的差異

實體專用伺服器產品大多採用以下的架構。

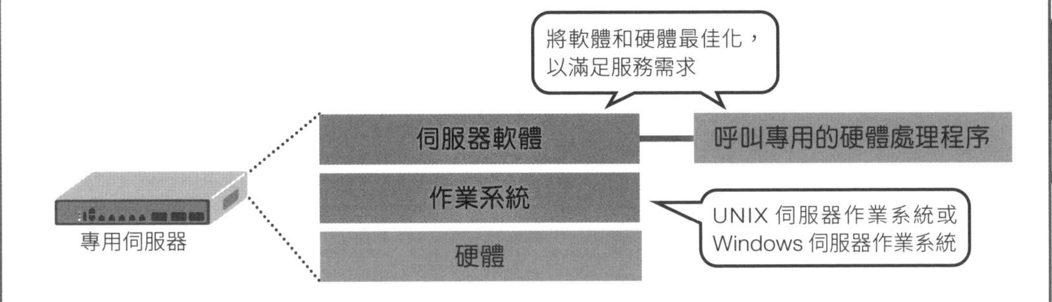

其中，能讓作業系統和伺服器軟體部分在虛擬化軟體上運作的就稱為「虛擬專用伺服器」。

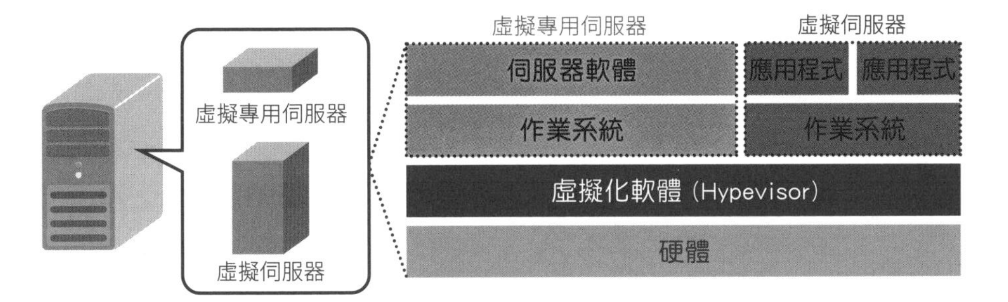

虛擬專用伺服器的特徵

優點

- 在虛擬化軟體上運作，就像一台虛擬機器，因此不需要實體空間。
- 不需要使用硬體，導入成本低。

缺點

- 相較於已經將硬體最佳化的實體專用伺服器，此類型是在泛用型伺服器所安裝的虛擬化軟體上運作，相對來說效能較低。

→ 最好的做法就是，測試環境用虛擬專用伺服器，正式環境使用實體專用伺服器，根據用途巧妙搭配。

MEMO

Chapter

4

企業內部的伺服器

以服務對象來區分，伺服器可分為企業內部的伺服器及對外公開營運的伺服器兩類，本章先針對內部伺服器的配置以及幾種常見的公司內部伺服器類型作說明。

01 內部伺服器的概要說明

公司內部的伺服器是配置於公司區域網路或是雲端上，專為內部用戶端(就也是公司員工)提供服務。至於伺服器究竟應配置在區域網路或是雲端上，必須根據伺服器的用途或是公司內部的營運管理能力、成本等各種因素來決定。

● 架設在內部區域網路

公司內部伺服器大多配置在區域網路上，常見像是具有檔案共享用途的「檔案伺服器」或是提供 Active Directory 服務的「網域主控站(Domain controller)」等都能夠在區域網路中完成通訊作業。伺服器要配置在區域網路上得費一番工夫，像是搭配適合的硬體，或是足夠的建置空間等。不過，**它的優點是不會佔用網際網路有限的頻寬(均是在區域網路內運作)，採內部部署也可省下付給雲端業者的費用。**

● 配置於雲端服務業者

無論是負責處理郵件的「郵件伺服器(SMTP/POP3 伺服器)」、代為處理網頁存取作業的「代理伺服器」等都必須透過公司內部伺服器連線到網際網路，因此許多企業會將該伺服器設置在雲端上。不過，當所有的用戶端和伺服器互相通訊時都必須透過網際網路連線，這麼一來就會壓縮到網際網路的連線頻寬。然而這種作法的優點就是**最重要、絕對不能停機的伺服器可以委由雲端服務業者來管理，即使辦公室不慎發生災害，也能從雲端上繼續提供服務。**

此外，若要將公司內部伺服器設置於雲端上，最需要考慮的一個因素就是「安全性」。使用雲端伺服器時，一般會使用可以將送出去的資料加密的 VPN，作為內部區域網路與雲端之間的連線，如此才能確保安全性。

針對 VPN 連線的概念我們在 5-12 節有詳細的介紹。

看圖學觀念！

●在區域網路內就能完成通訊作業？還是必須連線到網際網路？

公司內部伺服器的目標是對公司內部用戶端提供服務，可配置在區域網路(On-Premise)或是雲端上。

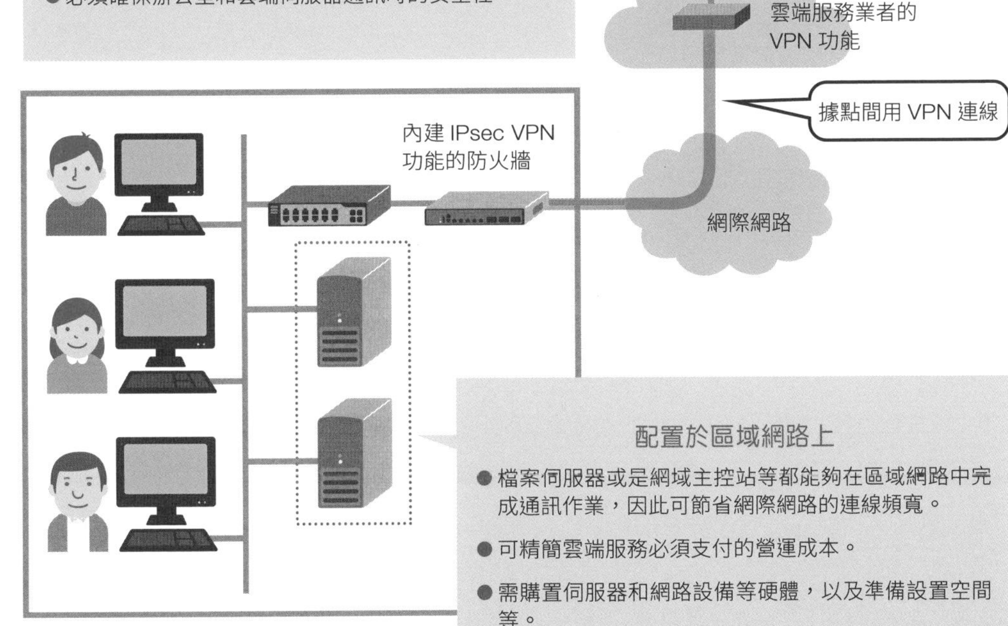

本章將陸續說明常見的內部伺服器有哪些。

02 DHCP伺服器的功能

「DHCP 伺服器」是負責將網路相關的設定資訊發佈到 DHCP 用戶端的伺服器。

電腦配發(設定)IP 位址的方法有 2 種，一種是「**靜態位址配置**」，另一種則是「**動態位址配置**」，靜態位址配置是以手動方式來核發 IP 位址，適用於像是伺服器或網路設備這一類必須持續使用同一個 IP 位址(也就是固定 IP)的裝置；相對地，「動態位址配置」則是將 IP 位址、子網路遮罩或是預設閘道等和網路有關的設定資訊發送給用戶端，並讓它們自動指定位址。

以公司內部的區域網路來說，連結到區域網路的電腦他們所使用的網路環境大多不需要指定固定的 IP 位址，因此多半是透過動態配置的方式來指派 IP 位址，這時候就必須透過一個協定，稱為「**DHCP(Dynamic Host Configuration Protocol: 動態主機設定通訊協定)**」。使用 DHCP 就能輕鬆地管理這些龐雜的 IP 位址，當用戶端的電腦數量很多時，也能妥善分配可能不夠用的 IP 位址。

由位址池配發 IP 位址

要建構一台 DHCP 伺服器，首先必須設定好要配發給用戶端的 IP 位址範圍(或稱位址池)，以及配發時相對應的設定資訊、有效期(Lease Time)，接著再設定必須配發給用戶端的 IP 位址，當用戶端要連線時，系統就會由位址池裡找到還沒被使用的 IP 位址來配發。當用戶端收到設定資訊後，會在 Lease Time 租期結束後，或是網路中斷連線後，將伺服器所發送的設定資訊送回來。

以一般家庭或是 SOHO 等小型網路環境來說，大多使用附有 DHCP 伺服器功能的寬頻路由器，並不需要設置 DHCP 伺服器，假如網路環境大於前述規模時就會考慮架設。

看圖學觀念！

●IP 位址的配置方式

網路上的電腦(包含印表機和路由器等)必須配發 IP 位址，配置方法可分為 2 種。

動態位址配置

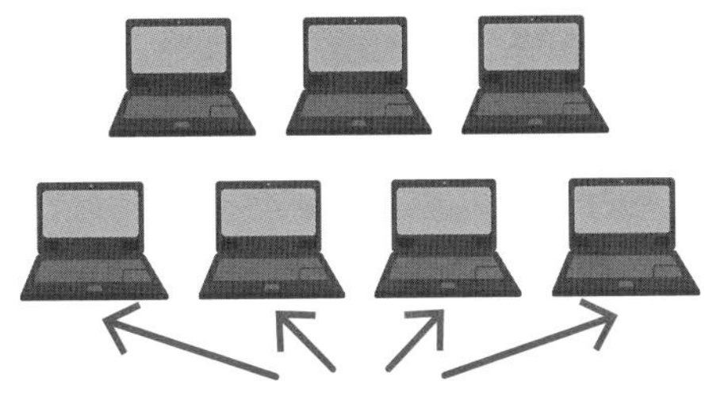

數量龐大時使用。由於變更 IP 位址也不會影響設備的正常使用，像是區域網路上的電腦等都是透過 DHCP 伺服器自動進行網路設定。

靜態位址配置

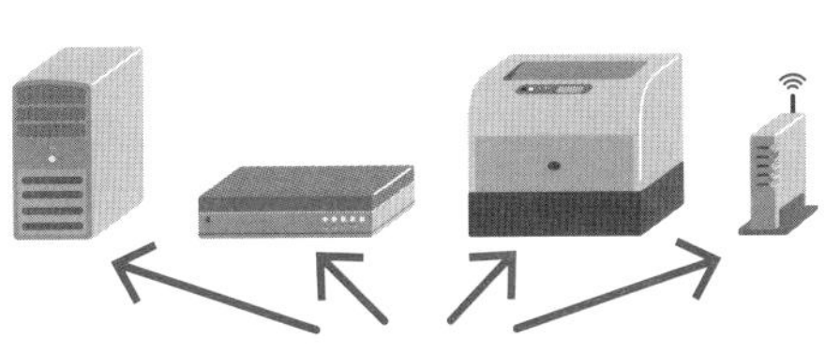

印表機等設備的 IP 必須固定，一旦改變就會無法連線，這時就可以手動設定 IP 位址。

●設定 DHCP 伺服器

IP 位址配發的範圍
192.168.0.2 ～ 192.168.0.100/24

嚴禁配發 IP 位址的範圍
192.168.0.101 ～ 192.168.0.255/24

配發 IP 位址的有效期限
1 天

預設閘道之 IP 位址
192.168.0.1

DNS 伺服器之 IP 位址
192.168.0.1

DHCP 伺服器會從指定好的配發範圍中，找到尚未被使用的 IP 位址來配發。
同時還會發送其他的網路設定資訊。

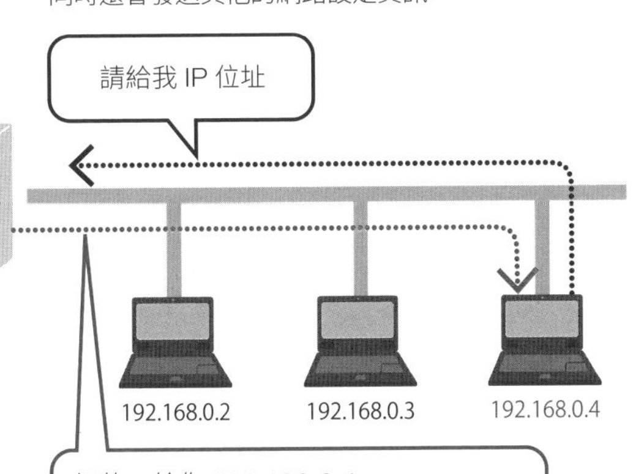

好的，給你 192.168.0.4。
子網路遮罩是 255.255.255.0。
IP 位址有效期限是 1 天。
預設閘道是 192.168.0.1。
DNS 伺服器是 192.168.0.1。

網管必須事先完成所要配置的 IP 位址範圍及各種設定資訊準備好。
接著再將配置 IP 位址的工作交給伺服器處理。

03 DNS伺服器的功能

網際網路透過 IP 位址來識別電腦，IP 位址是由 4 個數字所構成的組合，這樣的組合到底代表甚麼樣的意義，我們實在很難一眼就看出來，因此在網際網路上利用的是「網域名稱」，讓使用者易於瞭解，而將 IP 位址和網域名稱互相轉換的機制就稱為「**DNS(Domain Name System: 網域名稱系統)**」。

● 網域名稱採用樹狀結構

假設有一個網域名稱叫作「www.example.com.tw」，從結構上來看，它是用點(.)來分隔字串，每一個字串稱之為「**級別**」，由右到左依序分別為「頂級網域名稱」、「次級網域名稱」和「三級網域名稱」，每一級採用樹狀階層結構，以「路徑」為最上層，依序向下呈現分枝散葉的方式，只要由右往左循序追溯級別，最後就能到達目的伺服器了。

● DNS 伺服器有兩種

提供 DNS 服務的伺服器就稱為「**DNS 伺服器**」，DNS 伺服器的運作大致可分為「**快取名稱伺服器**」和「**內容伺服器**」等兩種，當「快取名稱伺服器」在區域網路中接收到用戶端的詢問後，就開始轉換身份，變成向網際網路提出詢問，當用戶端需要存取網際網路時，就必須用到它。每個 DNS 伺服器都會將所查詢過的網域名稱建立快取(Cache)，以供下次查詢時能快速回應。

「內容伺服器」則是當外部主機詢問自己所負責管理的網域名稱等相關資訊時所使用，同一個網域裡的主機名稱必須透過「**區域檔案(Zone File)**」這樣的資料庫來管理。內容伺服器是對轄下網域具有主控權、直接管理 Zone File 的 DNS 伺服器，較為正式的名稱是「Authoritative Name Server」。當快取伺服器接收到用戶端的詢問時，它就會由右開始依序搜尋所接收到的網域名稱，以找到負責管理該網域名稱的內容伺服器，找到以後，就會開始要求該內容伺服器**提供主機名稱 + 網域名稱(FQDN 完整網域名稱)相對應的 IP 位址**，這一連串的動作就稱為「網域名稱解析」。

●IP 位址和域名

「DNS」是 IP 位址和網域名稱（域名）相互轉換的機制。

IP 位址

10.1.1.1 ⇄ www.example.com.tw

主機名稱　第三層域名　第二層域名　頂級域名（第一層）

域名的結構

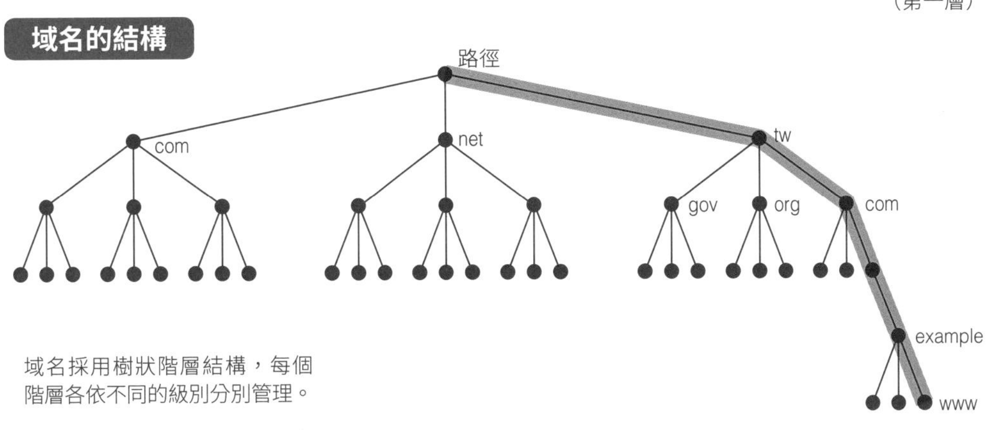

域名採用樹狀階層結構，每個階層各依不同的級別分別管理。

當網際網路依域名進行存取時，檯面下則必須透過 DNS 來轉換 IP 位址。

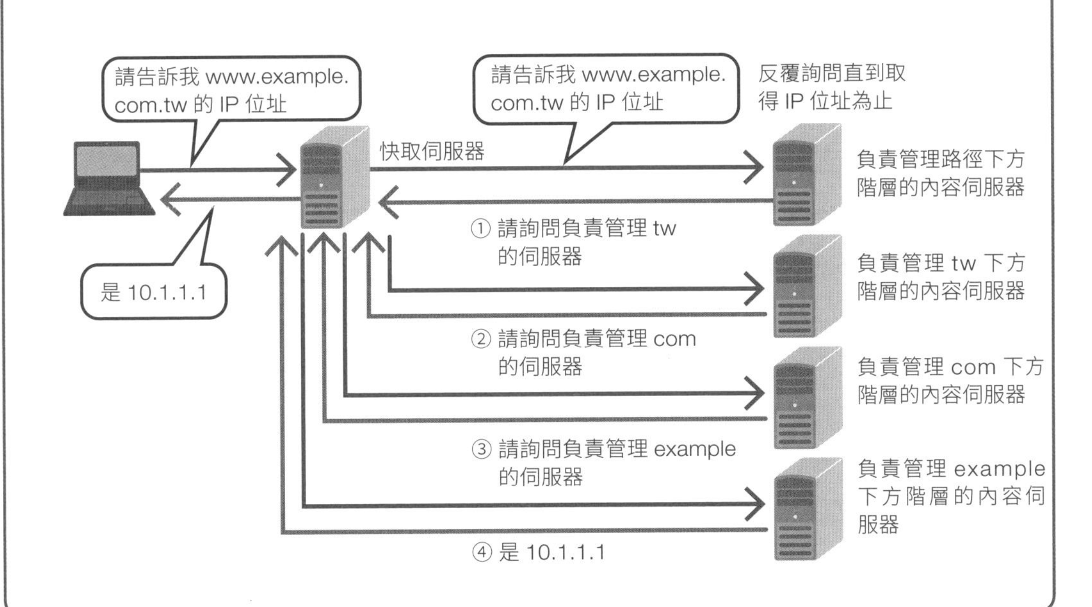

04 工作群組和 Active Directory網域

就 Windows 系統來說，電腦可架構的網路類型可分為 2 種，一種是「**工作群組 (Work Group)**」，另一種稱為「**Active Directory 網域**(以下簡稱 AD 網域)」，兩者的差異在於使用者帳戶的管理方法。工作群組採用由不同的 Windows 電腦各自分散管理使用者帳戶，而 AD 網域則是藉由伺服器，以單一管理方式來管理使用者帳戶。

利用工作群組更能輕鬆上手

一般來說，工作群組適用於像是一般家庭或 SOHO 等電腦數量較少的網路環境，工作群組裡的每一台電腦都各自擁有不同的使用者帳戶，隨著電腦數量或使用者人數增加，管理的難度也將跟著提高，不過，工作群組的特色就在於成本低，導入門檻也不高。

利用 AD 網域執行單一化管理

AD 網域適用於像是企業或組織等電腦台數較多的網路環境，Windows Server 的「**網域主控站 (Domain controller)**」就是透過單一方式來管理 AD 網域中的使用者帳戶。對於 AD 網域而言，網域主控站是不可或缺的，但同時也將造成成本增加。此種網路類型的特色就在於網域主控站負責管理使用者帳戶，因此即使電腦數量或使用者人數增加，也不會造成管理困難。

補充 1 「網域主控站 (Domain controller)」負責管理 AD 網域，大多需要設置好幾台以建置備援機制，定期將彼此的資料同步。

看圖學觀念！

●Windows 系統的網路架構類型

架構網路架構時，可選擇「工作群組」或是「Active Directory(AD)網域」。

●工作群組係由各電腦自行管理使用者帳戶

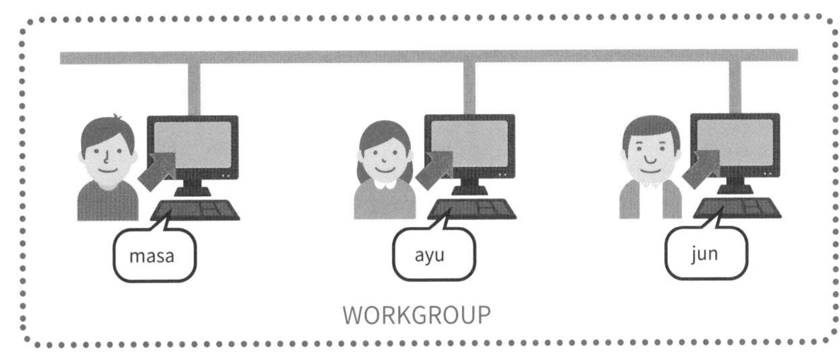

由每台 Windows 電腦自行管理所使用的使用者帳戶。
所有的電腦一律平等，並可對資料夾進行共用設定等。
不需要伺服器。

●AD 網域則由「網域主控站 (Domain controller)」來管理使用者帳戶

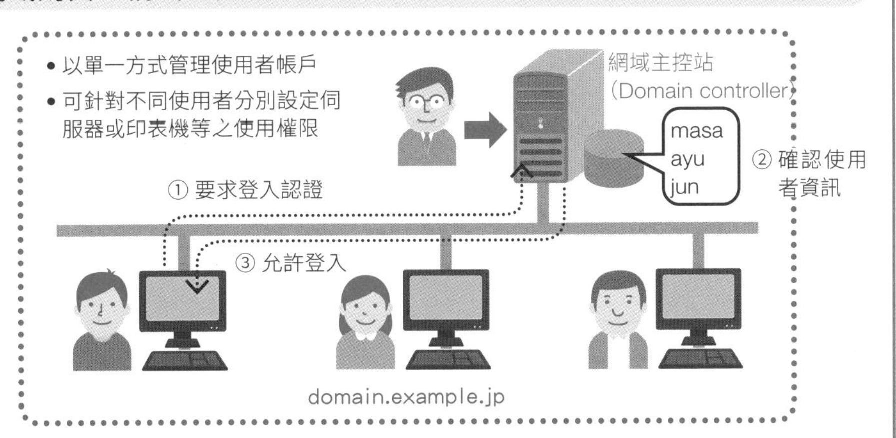

05 架構 AD網域的優點

要架構 AD 網域，必須利用網域主控站（Domain controller）來執行「**Active Directory Domain 服務**」，此種服務包含了各種優點，像是提供嚴謹的控管功能、有助於提高共享資源存取權限的設定效率、以及整合網域裡的規則等，廣為許多企業採用。Active Directory 服務適用於 Windows 2000 以上版本的 Windows Server 作業系統。

● 提高存取權限的設定效率

在公司內部做資源的共享必須設定正確的存取權限（允許存取），若是使用者人數較少，只要各使用者帳戶分別設定即可，不需要繁複的處理，不過，隨著使用者人數愈多，設定難度就會跟著提高，為此，Active Directory 服務有一項將好幾個使用者帳戶整合為一的功能，稱為「**群組帳戶（Group Account）**」，**利用這項功能，就能根據不同的群組帳戶設定存取權限，免除許多繁雜的設定程序**。

● 根據群組原則來管理網域規則

網域主控站（Domain controller）針對網域所制定的規則稱為「**群組原則**」，透過網域主控站即可針對網域內電腦進行「允許～」或「禁止～」等設定。各位登入公司或學校的網域時，可能曾經碰過這些狀況，像是被系統要求定期變更密碼，或是要求密碼的字數必須超過幾位數等，這多半都是「群組原則」的設定。**群組原則可用來整合網域所適用的規則，達到一定程度的安全性**。

補充 Windows 10 Home 等家用版 Windows 作業系統無法加入 AD（Active Directory）網域，請注意公司內部電腦的作業系統版本。

看圖學觀念！

●Active Directory 為公司內部系統管理帶來絕大的優勢

Active Directory（AD）可將使用者、電腦或印表機等網路上各種相關資訊完全階層化，並透過資料庫進行管理，AD 網域指的就是 1 個資料庫所涵蓋的共享範圍。

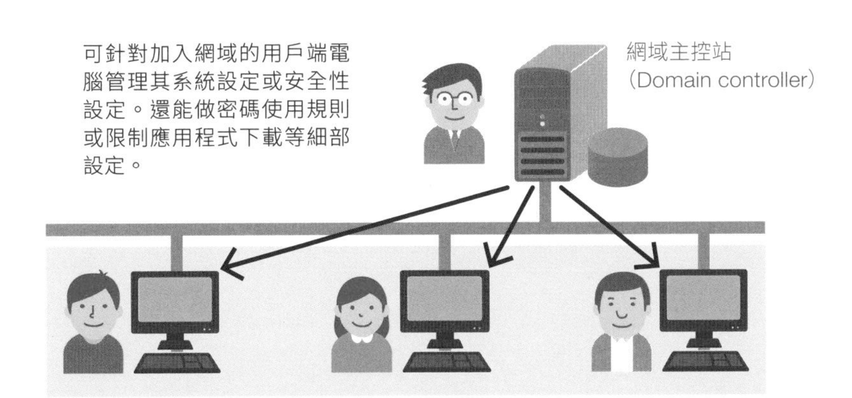

Active Directory 在對伺服器或印表機等設定存取權時，不用費時一一設定每個使用者，只要將功能和權限相同的使用者群組化，就能統一快速進行設定。

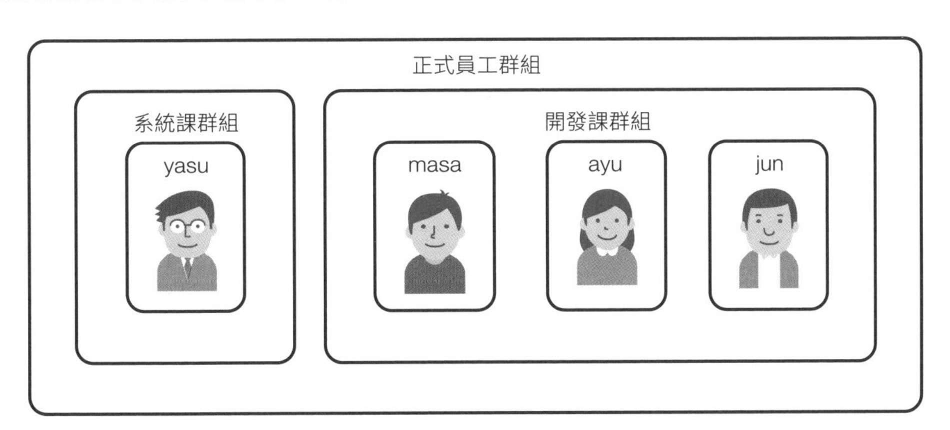

● 可加入 AD 網域的用戶端作業系統

- Windows 10 Enterprise
- Windows 10 Education
- Windows 10 Pro
- Windows 8 Enterprise
- Windows 8 Pro
- Windows 8 Enterprise
- Windows 8.1 Pro
- Windows 7 Ultimate
- Windows 7 Enterprise
- Windows 7 Professional

06 檔案伺服器的功能

檔案伺服器(File Server)是為了在區域網路上能夠共享其他電腦或檔案，或是提供資料處理等服務而存在的伺服器。使用檔案伺服器不但能避免多個用戶端在處理同一個檔案時所容易發生的更新不同步的問題，更重要的是在公司內部能夠順利地分享或共享檔案。檔案伺服器還透過檔案集中管理的方式，避免檔案被分散配置在好幾台電腦中，讓資料外洩的可能性降至最低。

對於檔案伺服器來說，最重要的一項設定就是**存取權限**，世上可沒有哪一家企業這麼自由開放，所有檔案任人任意存取的，檔案伺服器必須和 AD 這一類的目錄服務(Directory service)互相連結後，才能設定哪些使用者(或群組)可針對哪些檔案或資料夾進行存取(完整存取、變更、讀取等)，也就是設定所謂的「存取權限」。

Windows Server 配備了檔案伺服器的功能，稱為「檔案共享」服務，而 Linux 伺服器作業系統則有「Samba」等開放原始碼軟體可使用，只要根據您所使用的伺服器作業系統來選擇即可。

● 另一種選項：NAS

還有一項裝置和檔案伺服器具備同樣的功能，稱為「**NAS(Network Attached Storage**」，NAS 是一種特別強化檔案伺服器功能的應用設備伺服器(Appliance Server)，可以把它想像成一台配備網路卡、具有網路連線功能的儲存裝置。使用 NAS，就不需要再準備伺服器專用電腦，想當然爾成本也相對降低，而近幾年市售的 NAS 大多可以連結目錄服務，無論是設定存取權限、透過網路進行橫向擴充，或是擴增各種功能等都能輕鬆辦到，這麼一來，就和檔案伺服器差異無幾了。

補充　和檔案伺服器互相通訊時，需要用到「CIFS」和「NFS」這兩項通訊協定，「CIFS」大多用於 Windows 環境，而「NFS」則適用於 UNIX 環境。

看圖學觀念！

●檔案伺服器的功用

使用檔案伺服器，就能讓網路上多台電腦共享檔案，或是進行資料處理等。

Linux 上最為人所知的檔案伺服器軟體是「Samba」；若是使用 Windows Server，只要依照設定精靈完成設定後，就能變身成為檔案伺服器了！

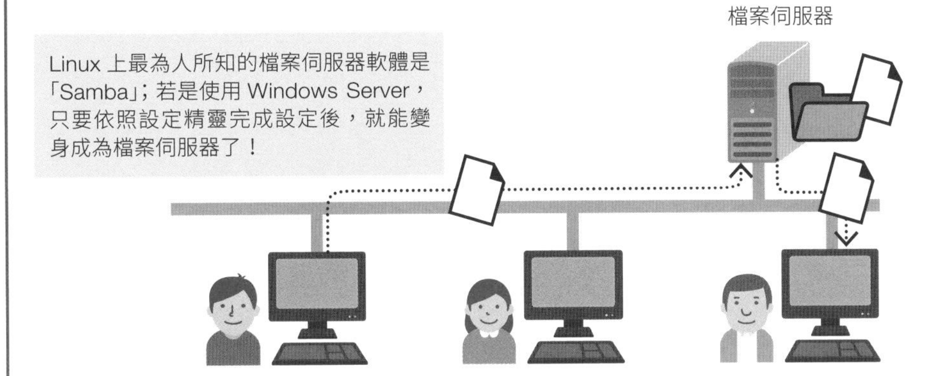

使用檔案伺服器的優點

- 可避免多人存取同一個電腦所造成的更新不同步的問題。
- 公司內部更能方便分享檔案。
- 檔案集中管理，更能輕鬆完成備份，除此之外，還能將資料外洩的機率降至最低。

檔案伺服器所提供的功能

- 可針對不同的資料夾設定每個使用者的存取權限。
- 可針對不同的資料夾設定儲存容量（大小）。
- 可針對不同的資料夾，限制可儲存的檔案類型。

●NAS 是一種類似檔案伺服器功能的產品

NAS 可提供和檔案伺服器同級的功能，相較於伺服器，NAS 在成本上更具優勢。

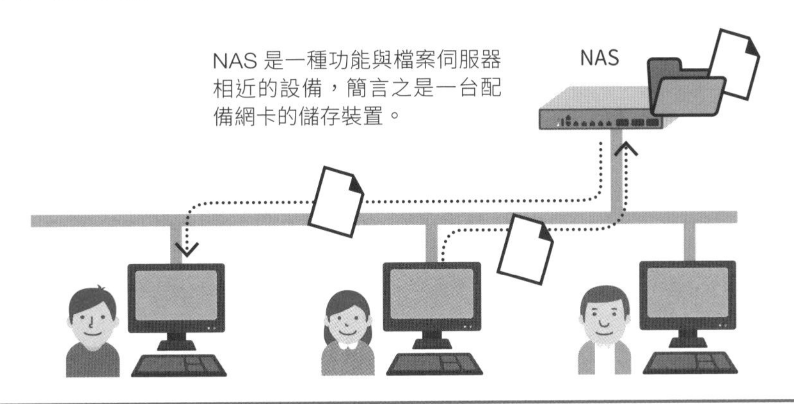

07 列印伺服器的功能

列印伺服器(Printer Server)是一種讓多台電腦能共用印表機，或是讓未配備網卡的印表機可連線到網路的伺服器。只要使用列印伺服器，公司內部就能共用印表機，印表機機身的成本就能因此降低。透過列印伺服器的此外，當列印需求較多時，還能提高列印效率，並且予以妥善的處理，所以它不但可以避免延遲處理的情形，還能連帶提高使用者的工作效率，讓滿意度大大提升。

列印伺服器具有各種方便的功能，其中一項就是「**傳送印表機驅動程式**」，只要事先將不同 Windows 版本的印表機驅動程式安裝到列印伺服器裡，系統就會根據您所使用的用戶端 OS 環境，自動安裝驅動程式，對於網管來說，透過列印伺服器就能自動傳送印表機驅動程式，不需要煞費苦功以手動方式為每一台電腦安裝驅動程式，因此，對於大型區域網路環境而言，更具有其重要性。

● 網路印表機的選項

說到印表機，過去我們也曾經歷過一人一台印表機的年代，可是，近幾年隨著時代演進，無論是機用噴墨印表機或是低階的雷射印表機，只要裝有網卡，就能直接連線到網路，可連線到網路的印表機，我們稱之為「網路印表機」，使用網路印表機，就不需要另外準備一台電腦以供列印伺服器專用，連帶著這個部分的成本也跟著降低了，不過，使用列印伺服器，並不一定能有效率地處理各式各樣的列印需求，而且也不見得可以傳送列印伺服器。

以小型到中型的區域網路環境來說，通常只使用網路印表機，而大型的區域網路環境則常常將網路印表機和列印伺服器互相搭配使用。

補充　在 Linux 伺服器作業系統上通常是使用「CUPS(Common Unix Printing System)」來架構。

看圖學觀念！

●列印伺服器的功用

若運用列印伺服器的設備，即可讓多台電腦共享印表機，還能預先存入各種用戶端作業系統所需的驅動程式，用戶端首次連接時會自動安裝這些驅動程式。

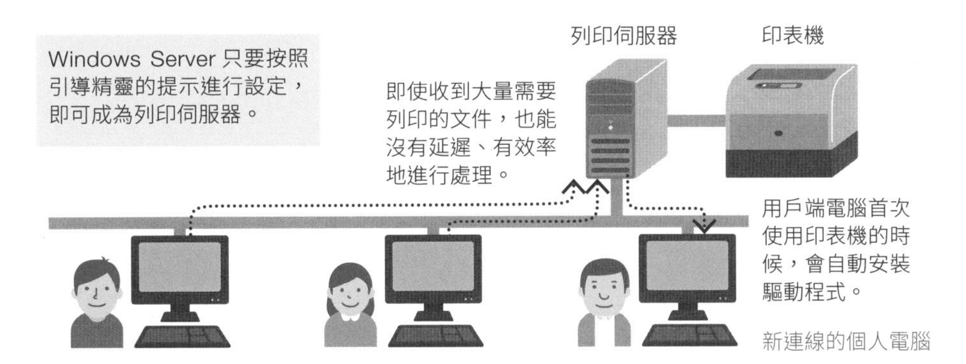

●中、小規模的網路環境使用網路印表機即可

網路印表機在沒有列印伺服器的狀況下，也能透過網路提供列印的服務，雖然費用上較為低廉，不過無法提供發送驅動程式之類的功能。

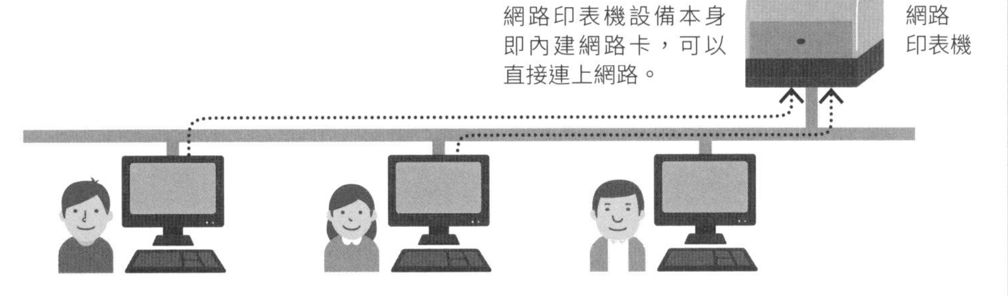

●大規模網路可以合併運用列印伺服器和網路印表機

列印伺服器能有效率地處理大量的列印需求，並且提供發送驅動程式之類的功能。

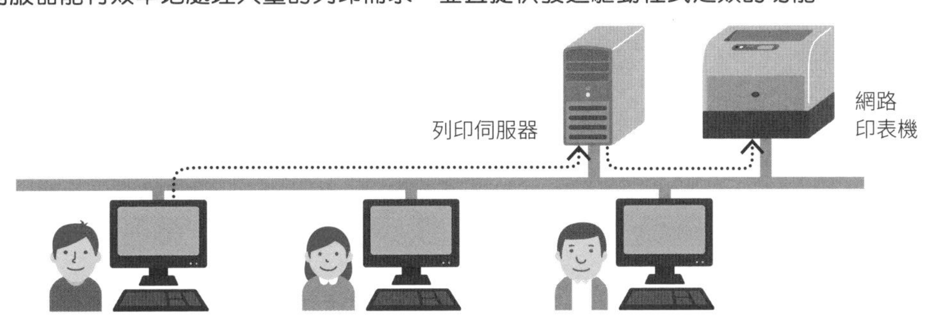

08 SSO伺服器的功能

「**SSO(Single Sign On: 單一登入)**」就是只要經過一次身份驗證，就能存取各種系統的機制，可提供 SSO 服務的伺服器就稱為「**SSO 伺服器**」，以大企業來說，他們設置了各式各樣的系統，因此就需要 SSO 伺服器。

各位讀者是否經常有這樣的經驗呢？ 當你們連上許多網站，並且被要求輸入使用者名稱和密碼時，總覺得很麻煩，不免心想「唉呦！又要輸入密碼 ---」，

或是因為曾經在好多套系統裡設定各式各樣的使用者名稱和密碼，實在是很難記得住！SSO 伺服器可以代為執行各種系統驗證處理作業，讓使用者免於繁雜的密碼管理，又，透過使用者名稱與密碼單一化的處理方式，也可以簡化管理員對龐雜系統的使用者帳戶管理。

SSO 伺服器依電腦和系統的連結程度不同，大致可分為「**代理(Agent)**」型和「**反向代理(Reverse Proxy)**」型等兩種。「代理(Agent)」型會將驗證時所需的代理模組(Agent module)程式安裝在用戶端要使用的伺服器中，並且透過該模組，來處理 SSO 伺服器和驗證資訊，以達成單一登入(SSO)的目的。相對地，「反向代理(Reverse Proxy)」型則是透過 SSO 伺服器來接受使用者的身份驗證要求，接著再轉送給後端的網頁伺服器，即可實現單一登入。

● 利用「多重要素驗證(MFA)」，提高安全性等級

SSO 對於系統管理員來說雖然是好處多多，不過仍稱不上是一個無懈可擊的機制，這恐怕是任何一種單一化管理技術難以避免的宿命，單一化管理雖然帶來了方便性，這道防線一旦被突破後，管理勢必潰堤，因此不好好因應其實相當脆弱。對於 SSO 而言，登入 SSO 伺服器時所使用的使用者名稱和密碼就如同是生命線一般，一旦這兩項資訊外流，就更容易讓閒雜人等存取所有連線的系統了，因此，除了單純的密碼驗證外，還必須考慮兩步驟驗證和一次性密碼(One-time password，OTP)互相搭配的「**多重要素認證(Multi-factor authentication，MFA)**」作法。

看圖學觀念！

●「SSO(Single Sign On: 單一登入)」就是只要經過一次身份驗證，就能存取各種系統的機制

利用 SSO 服務，使用者不需要進行繁雜的密碼管理，也可簡化系統管理員對於使用者的管理作業。

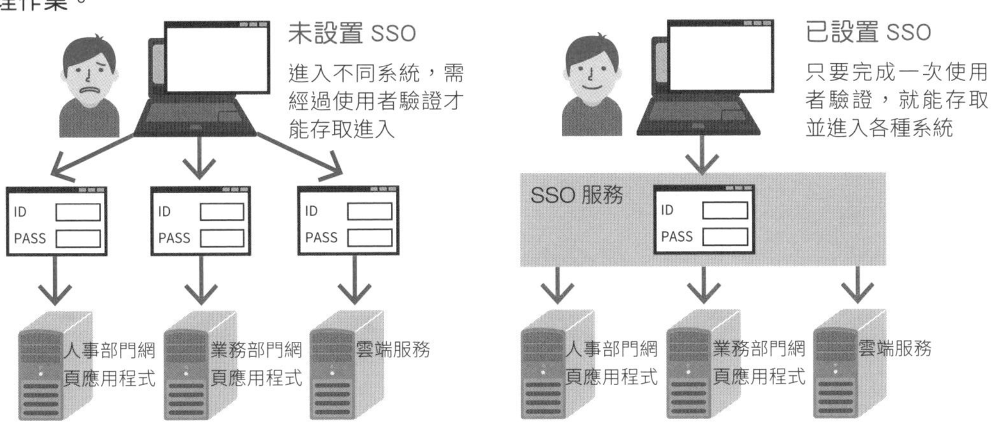

●SSO 伺服器可分為「代理 (Agent)」型和「反向代理 (Reverse Proxy)」型等兩種

代理 (Agent) 型　將模組崁入網頁應用程式中，再和 SSO 伺服器進行驗證及確認驗證資訊。

反向代理 (Reverse Proxy) 型　由 SSO 伺服器代替用戶端進行驗證，接著再轉送給後端的網頁伺服器

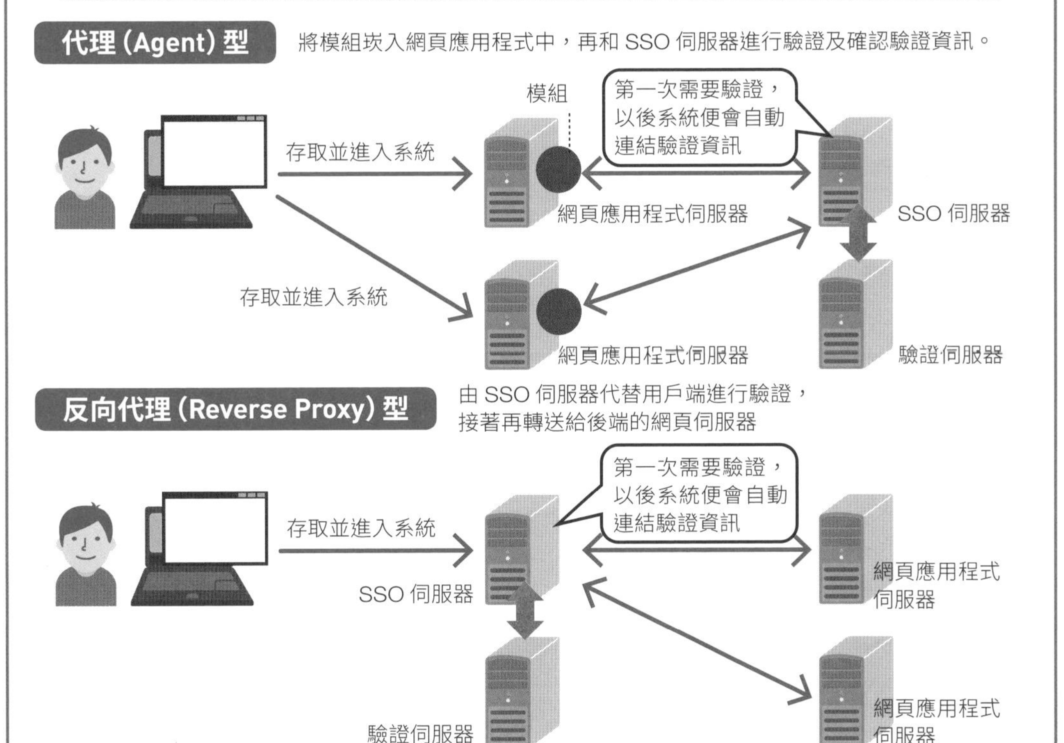

09 SIP伺服器的功能

SIP 伺服器是透過「SIP(Session Initiation Protocol」協定來執行 IP 電話呼叫控制的伺服器。所謂「呼叫控制」就是撥打、掛斷電話等處理作業，SIP 伺服器透過連結並執行「**註冊 (Registrar) 服務**」、「**定位 (Location) 服務**」、「**代理 (Proxy) 服務**」、「**轉址 (Redirect) 服務**」等 4 項服務，以完成呼叫控制處理作業，接下來將針對使用 IP 電話時絕對必要的「註冊 (Registrar) 服務」、「定位 (Location) 服務」、「代理 (Proxy) 服務」加以說明。

● 先建立對應表

「註冊 (Registrar) 服務」是用來註冊 IP 電話的服務，當系統收到撥打方 IP 電話所傳送過來的註冊訊息後，就會受理代表 IP 電話名稱的「**SIP URI**」及 IP 位址註冊，接著再將該資訊轉交給「定位服務」，「定位服務」會根據該資訊建立一個 SIP URI 及 IP 位址對應表，並**將對應表彙整於 SIP 伺服器中，藉由單一管理的方式，管理繁雜的 IP 電話資訊**。

● 利用對應表搜尋通話對象

「代理服務」是一種可將 SIP 訊息轉送給適當對象的服務，利用 IP 電話撥打電話時，「代理服務」會先接收到來電通知訊息，接著搜尋「定位服務」對應表，並將來電通知訊息轉送給相對應的 IP 位址，當對方拿起話筒時，不需要透過 SIP 伺服器，即可直接和 IP 電話的通訊對象互相通話。從 SIP 伺服器轉送電話的「鈴～鈴～鈴～」呼叫音開始到連線完成，皆屬於「代理服務」的工作範疇，待一切準備程序結束後，剩下的工作就交由 IP 電話處理了，又，IP 電話彼此在處理通話音時，必須透過「RTP(Real-time)Transfer Protocol(即時傳輸協定)」等串流協定來執行。

補充 IP 電話對於資料處理是否延遲極為敏感，稍有延誤便立即斷線，因此，只要設定好 QoS(服務品質)，即可透過網路設備執行優先順序控制。

看圖學觀念！

●撥打 IP 電話時需用到 SIP 伺服器

SIP 伺服器透過 SIP 協定提供 IP 網路電話功能，要使用 IP 電話前，首先必須將 IP 電話機註冊於「註冊服務」中。

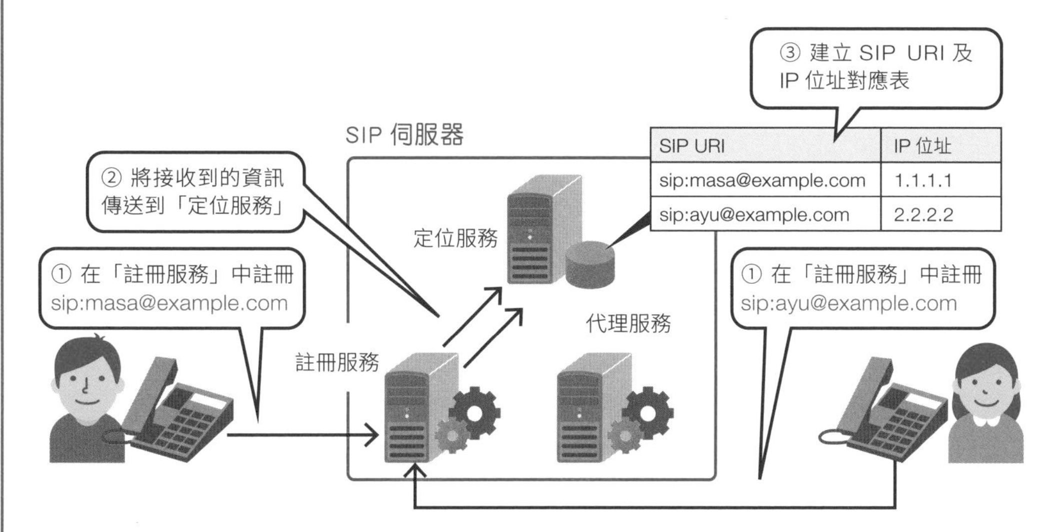

撥打電話時，系統會利用曾經註冊過的資訊來呼叫對方的電話。

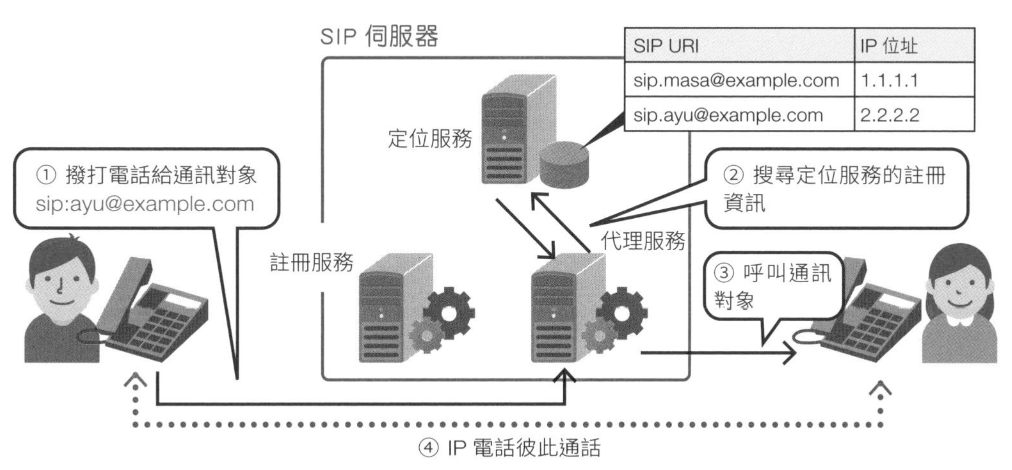

上圖是以不同的伺服器圖示來表示 SIP 伺服器的各種服務，一般來說，通常會在某一台實體伺服器中執行動作。

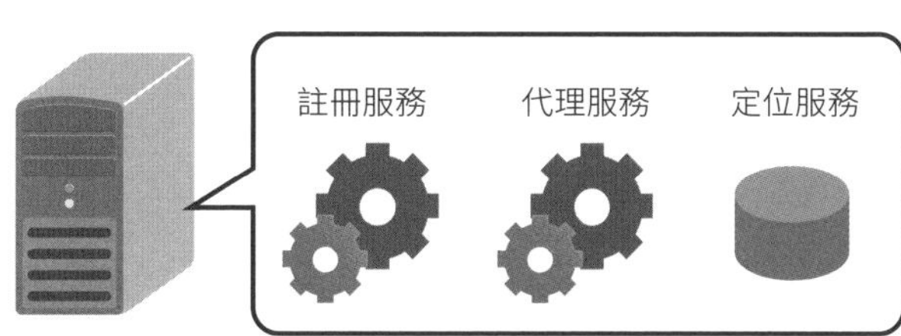

Chapter 4 企業內部的伺服器

10 代理伺服器的功能

「Proxy 伺服器」中文為「代理伺服器」，**如同字面上的意思，是一種可代替用戶端執行網際網路通訊作業的伺服器**，當系統收到用戶端所傳送過來的通訊內容後，可代替用戶端進行網頁的存取，也有人稱它為「快取伺服器」，實際稱呼因人而異。使用代理伺服器目的是提高連線存取效率，因此經常為企業所採用。

過去的代理伺服器主要會暫時地將經常瀏覽的網站資訊儲存起來，稱為「快取功能」，用戶端有讀取需求時就可快速回應，可將網際網路有限的線路頻寬做最有效的運用，在頻寬較不足的環境中可發揮不錯的效果。不過，對於近幾年愈來愈多的互動網頁，「快取功能」就無法提供明顯的助益，此外，隨著上網頻寬愈來愈大，原本為了解決頻寬不足而使用代理伺服器的誘因也愈趨薄弱。

● 加強安全性功能

近年來「代理伺服器」則加強了「**網址過濾（URL Filtering）**」和「**防毒（Anti-virus）**」等安全性功能，「網址過濾（URL Filtering）」是一種限制網站存取的功能，代理伺服器將各種網站的網址加以分類，並儲存在資料庫中，比方說，像是「非法、犯罪性網站」、「成人網站」等等，當用戶企圖存取某個網站時，代理伺服器就會將該網址和資料庫互相比對，判斷是否同意或拒絕存取。又，「防毒（Anti-virus）」則提供了病毒防護的功能，代理伺服器會將防毒軟體所定義的檔案儲存為「防毒特徵檔（Anti-virus signature）」，並且**在後台展開用戶端所處理的檔案，接著再和特徵檔互相比對，藉此確保安全性。**

看圖學觀念！

●傳統代理伺服器的功用

廣義來說，代理伺服器是代替用戶端執行網際網路通訊作業的伺服器。

代理伺服器會儲存快取資料

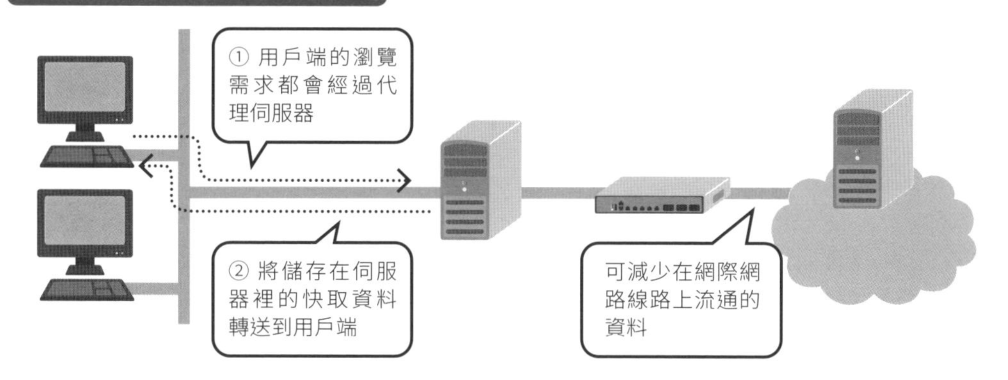

若代理伺服器未儲存快取資料時，代理伺服器就會開始存取步驟 ① 用戶端所傳送過來的網址，以取得資料，接著再將所得到的資料轉送到用戶端。

●新型代理伺服器的功用

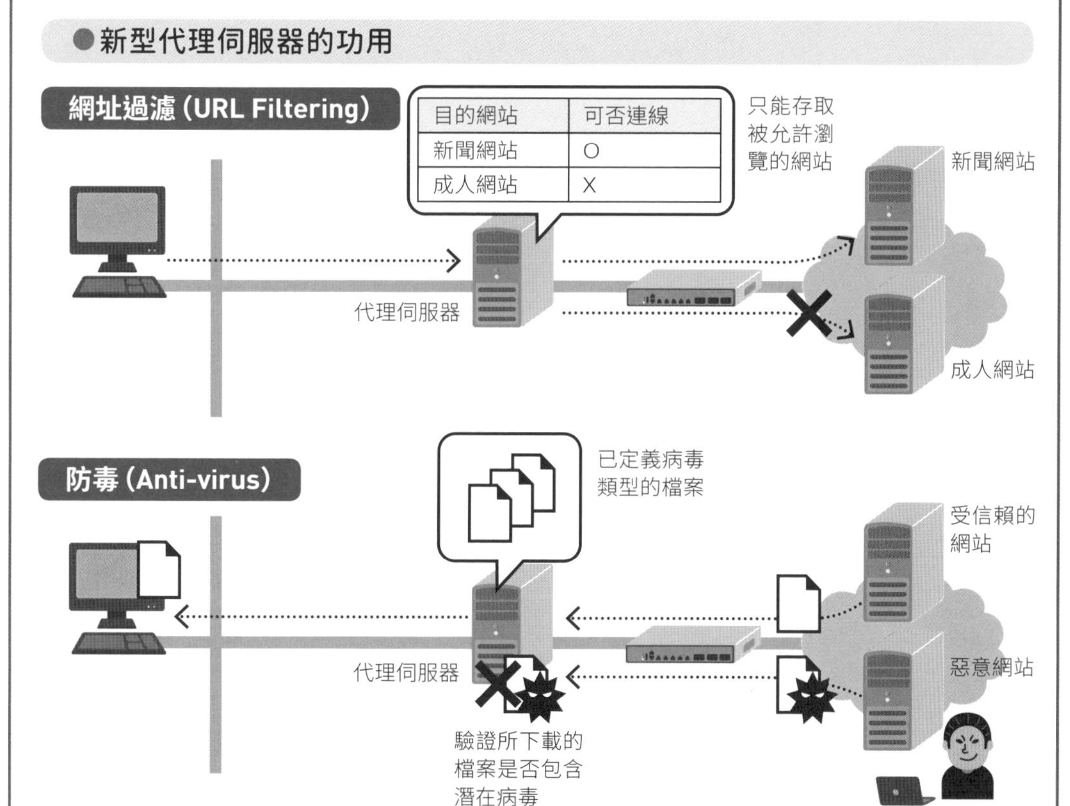

目的網站	可否連線
新聞網站	O
成人網站	X

11 SMTP伺服器的功能

說到各種網頁服務項目，通常我們第一個會想到的是郵件服務，負責提供郵件服務的伺服器有 2 個，一個是「**SMTP 伺服器**」，負責傳送郵件，另一個則是「**POP3 伺服器**」，負責接收郵件。本節我們先來介紹 SMTP 伺服器。

「**SMPT 伺服器**」**是透過**「**SMTP(Simple Mail Transfer Protocol 簡單郵件傳輸通訊協定)**」**來傳送郵件的伺服器**，當「SMPT 伺服器」接收到郵件軟體所傳送過來的郵件後，將根據收件人郵件地址中 @ 標誌後方的網域名稱，來搜尋該網域名稱相對應的 SMTP 伺服器，搜尋 SMTP 伺服器時，必須進行 DNS 解析，DNS 解析完成後，就知道該域名相對應的 SMTP 伺服器的 IP 位址，如此就能將郵件資料傳送到該 IP 位址了。**各位不妨把 SMTP 伺服器想像成郵筒，可能會比較容易理解**，當我們將郵件投入 SMTP 伺服器這個郵筒後，郵局就會幫我們把信寄出去。

當接收端的 SMTP 伺服器收到郵件資料後，將根據收件人郵件地址中 @ 標誌前方的使用者名稱，分別將郵件資料儲存到預設的儲存區「郵件信箱」中，**各位不妨將郵件信箱想像為離家最近郵局的專用信箱**，這時候，郵件其實還沒有被送到對方手上。

● SMTP 的安全防護對策

原始的 SMTP 不具備認證功能，因此一不小心就有可能發生像是郵件被散發到其他使用者的惡意傳送行為，為了解決這一類問題，SMTP 提供了「SMTP AUTH (SMTP 認證)」及「POP before SMTP」。所謂「SMTP AUTH(SMTP 認證)」就是在傳送郵件之前，根據使用者帳號及密碼進行認證，而「POP before SMTP」則是在傳送郵件之前，透過下一節介紹的 POP3 伺服器實施驗證，一旦驗證成功後，系統將允許同一台主機傳送郵件，而且僅限在某段特定時間內。

看圖學觀念！

●傳送郵件的流程

「SMTP 伺服器」是透過「SMTP」協定來傳送郵件的伺服器。
傳送端的 SMTP 伺服器會將郵件資料傳送給接收端的 SMTP 伺服器。

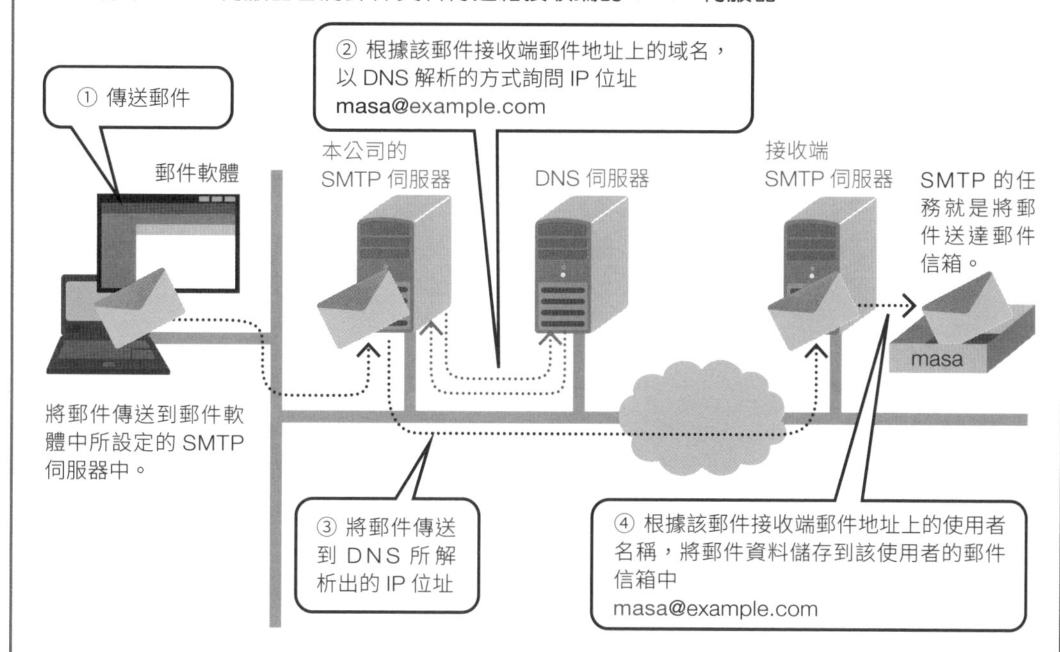

●SMTP 的弱點及防護對策

原始的 SMTP 不具備認證功能，因此過去 SMTP 伺服器有可能因人為惡意而大量散發像是垃圾郵件等，有鑑於此，現在主要採用 2 項防護對策。

SMTP AUTH(SMTP 認證)

根據 SMTP AUTH 的使用者名稱及密碼進行認證後，再由 SMTP 將郵件傳送出去。

POP before SMTP

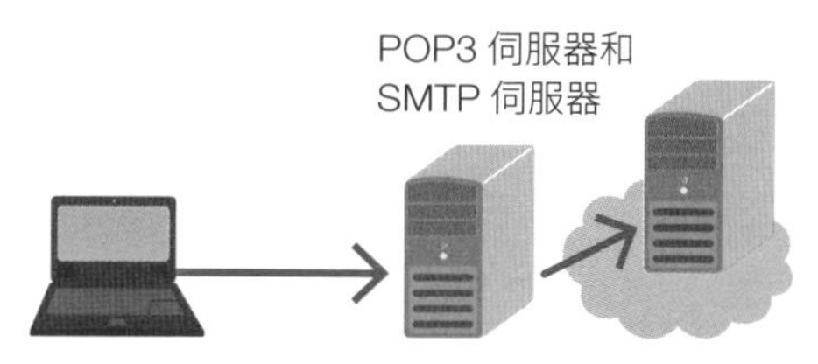

POP3 伺服器根據使用者名稱及密碼進行認證後，再由 SMTP 將郵件送出。

12 POP3伺服器的功能

負責將「郵件信箱」中的郵件**送交收件人的伺服器稱為「POP3 伺服器」**，最後將郵件送達使用者的不是 SMTP 伺服器，而是 POP3 伺服器。當 POP3 伺服器接收到使用者「請把郵件送來給我」的請求後，就會透過「**POP3(Post Office Protocol version3: 郵局協定第三版)**」來傳送資料。

這麼看來，POP3 像是到最後一哩路才派上用場，其中有一個最重要的理由，SMTP 會在需要傳送資料時進行傳送動作，屬於「**PUSH(推播)**」型協定，當電源常開的伺服器需要進行通訊，或是伺服器間必須互相通訊時，此種「PUSH(推播)」型協定便會即時地將資料傳送出去，是再方便也不過的一種協定，可是，安裝了郵件軟體的用戶端電腦，它的電源並不一定保持常開狀態，這時候，就必須用到另一種「**Pull(拉播)**」型協定 -POP3，POP3 可以讓電腦在電源啟動狀態，或是需要使用的時候，再下載郵件信箱裡的郵件資料。

郵件軟體可透過手動或自動等設定，向 POP3 伺服器提出「把我的郵件送給我」的請求，**POP3 伺服器透過郵件軟體所接收到的使用者帳號及密碼進行認證，一旦驗證成功後，就會從郵件信箱中取出郵件，並轉送該郵件給使用者**。

● POP3 的安全防護對策

POP3 若不具備密碼加密功能，隨時潛藏資料遭到竊取的危機，要解決這一類的問題必須藉由「**APOP(Authenticated Post Office Protocol)**」和「**POP3S(POP over SSL)**」來因應。APOP 是一種運用 Hash(雜湊) 函數來對密碼加密，加密的部位雖然並非郵件內容，但還是能發揮一定的安全性效果；而 POP3S 則是利用 SSL 對 POP 加密，除了密碼外，就連郵件內容也一併加密，因此安全強度大大提升。

看圖學觀念！

●傳送郵件的流程

當 POP3 伺服器接收到使用者請求接收郵件資料時，將透過 POP3 協定來轉送郵件，從使用者的角度來看，使用者會收到收件人署名是自己的郵件。

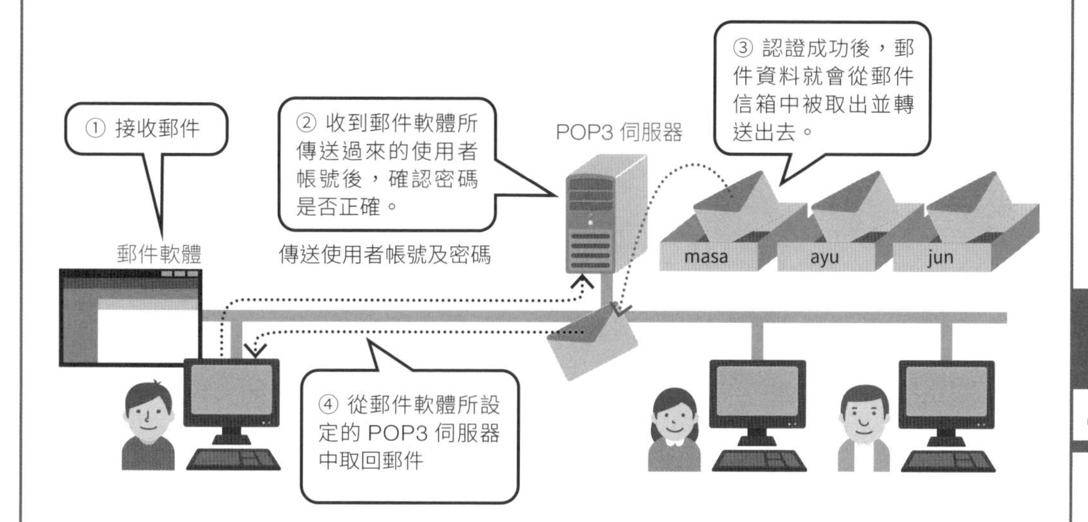

整個機制就是 SMTP 先將郵件送達郵件信箱，接著 POP3 再由郵件信箱中取出郵件，通常伺服器裡會同時安裝 SMTP 伺服器軟體和 POP3 伺服器軟體。

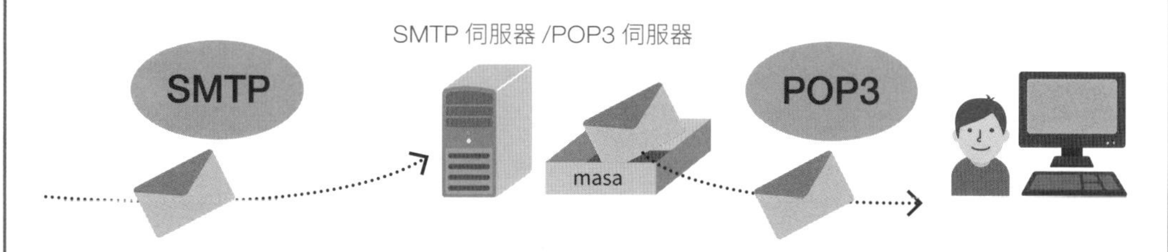

●POP 伺服器的安全性功能

名稱	特色
APOP	利用 Hash 函數對密碼加密，郵件內容則不加密。
POP3S	利用 SSL 進行加密，加密部分亦包含郵件內容。

13 Microsoft Exchange Server 的功能

Microsoft Exchange Server 是由微軟所推出，整合郵件服務和協同合作服務等的伺服器軟體，除了郵件外，它還涵蓋並整合了像是行事曆、任務、聯絡人管理等各式各樣的服務，讓使用微軟產品的企業能妥善運用於各種領域。Exchange Server 有 Exchange Server 2010、Exchange Server 2013、Exchange Server 2016 等不同的版本。

● Client Access Server 及 Mailbox Server

Exchange Server 將伺服器的功用分為 2 個部分，分別是「**Client Access Server**」和「**Mailbox Server**」。**Client Access Server** 可供電腦（Outlook/Outlook Web Access/Outlook Anywhere）、智慧型手機及平板電腦等多種用戶端存取，並透過 Active Directory 進行使用者認證後，再將各種請求轉送到 Mailbox Server。**Mailbox Server** 會分別將不同使用者的請求儲存於郵件信箱中，雖然這個伺服器角色的名字叫做 Mailbox，不過它包含了像是行事曆、聯絡人、任務、文件等協同合作功能。

● 在雲端環境運作 Exchange Server

Microsoft Exchange Server 適用於微軟所提供的雲端服務上，像是「Office365」的 Exchange Online，Exchange Online 並非採用雲端環境這個單一架構，而是結合企業內部部署（On-premise）和雲端環境的混合雲（Hybrid cloud）環境，因此能夠機動地因應各種情況。

補充 Microsoft Exchange Server 和「Skype」等聊天軟體或是用來架設公司內部網站的「SharePoint」皆具有絕佳的整合性。

看圖學觀念！

●整合郵件、行事曆、聯絡人、任務等工作上必備的服務

Microsoft Exchange Server 為微軟所推出，提供了郵件及協同合作等服務。

Microsoft Exchange Server 的結構包含 2 個部分「Client Access Server」和「Mailbox Server」。

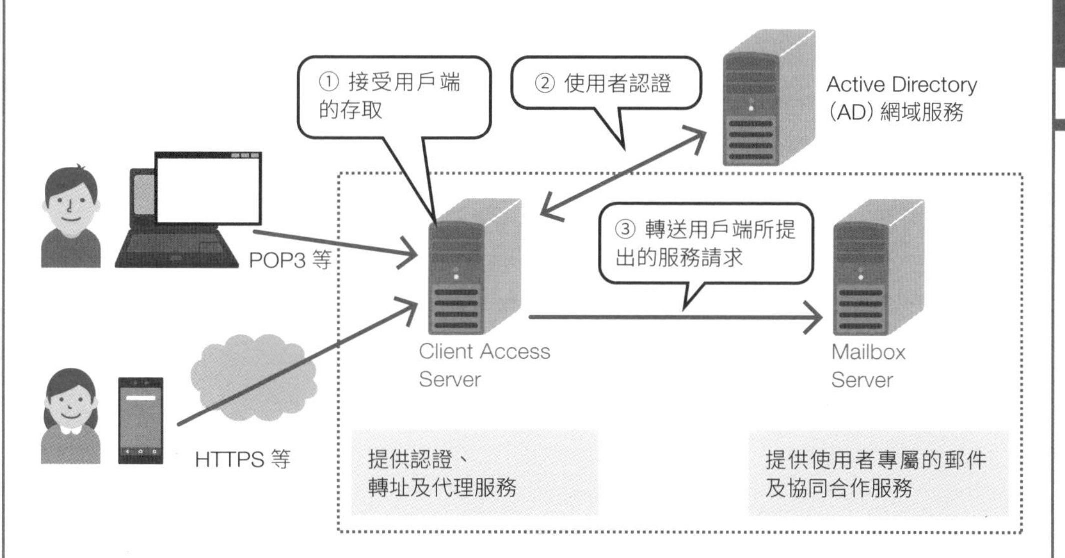

Exchange Online 亦提供雲端服務

Exchange Online 可提供 SaaS 型的雲端服務，同時還具備了兼具企業內部部署(On-premise)和雲端等環境的混合雲(Hybrid cloud)環境。

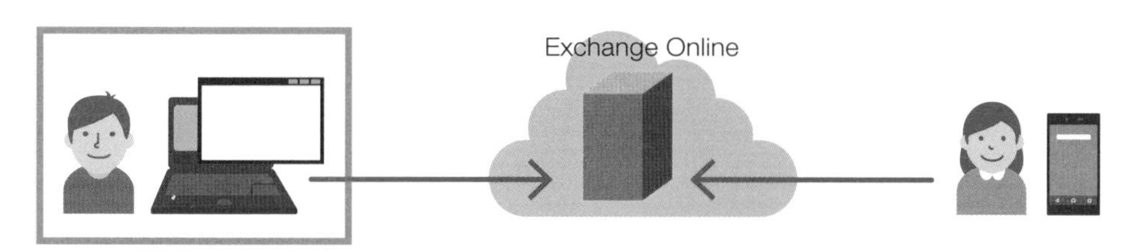

COLUMN

私有雲（Private cloud）

一提到雲端，是不是立刻就讓人聯想到 AWS（Amazon Web Service）、Microsoft Azure 或是 Google Cloud 等網際網路上知名的大咖，目前確實是由這幾家雲端服務公司獨占鰲頭，不過現在業界推出了另一個概念，那就是在區域網路中架構雲端環境，也就是「私有雲」的概念，提供企業內各部門共享資源。要架構私有雲環境，必須使用「OpenStack」、「CloudStack」、「Wakame-vdc」等開放原始碼軟體。其中又以「OpenStack」為最常用，使用「OpenStack」和 AWS、Microsoft Azure 一樣，輕鬆就能架構雲端伺服器，「OpenStack」主要是由 7 個元件所組成，每個元件各司其職。

元件	功用
Horizon	GUI 管理畫面（儀表板（Dashboard））
Neutron	虛擬網路控制
Nova	虛擬化引擎（Hypervisor）控制
Glance	影像及快照（Snapshot）管理
Cinder	Block storage 控制
Swift	Object storage 控制
Keystone	整合認證

「OpenStack」是一項開放原始碼軟體，可由 https://www.openstack.org 下載取得，它的官網上亦詳述了安裝及使用方法等細節，有興趣的讀者可以進一步體驗看看。

Chapter 5

對外營運的伺服器

相對於提供企業內部使用的伺服器，有些伺服器是公開對網路上的使用者提供服務，本章就針對較具代表性的對外伺服器服務內容進行解說，並大致說明配置方式。

01 對外伺服器的配置方式

對外伺服器是實體設備配置於公司自有空間(即採用內部部署 On-Premises)的 DMZ、或採用雲端服務的形式，對網際網路上的用戶提供服務。是否要在內部的 DMZ 或雲端服務上架設某種功能的伺服器，都應該根據與既有系統的連動程度、自身公司的維運管理能力、營運成本等各種相關條件來決定。

對外的公開伺服器基本上必須 365 天 24 小時持續運作，原本就需要具備較高等級的維運管理能力，加上若把 DNS 伺服器或網頁伺服器等與對外服務直接影響程度較高的伺服器配置於雲端服務的平台，那麼管理者更必須具有內外兼顧的能力。

● 必須連接既有系統的公開伺服器建議配置於 DMZ

關於 DMZ 的概念我們在 7-4 節會有詳細介紹

如果是必須和公司內部既有系統進行連動的公開伺服器，比起雲端服務的形式、配置於內部機房的 DMZ 空間應該會更加符合效益。DMZ 可以理解為一個介於內外網之間的特殊網路區域，通常會放置需對外，又可能有被入侵危險的伺服器，如網頁伺服器、FTP 伺服器等。來自外網的使用可以使用 DMZ 中的服務，但無法接觸到存放在內網中的公司機密。

雖然雲端服務也能透過 VPN 之類的方式 (詳見 5-12 節)，與內部的系統產生連動，不過雲端服務業者的伺服器機房終究有距離限制，當機房離公司越遠，勢必導致通訊速度、回應間隔或通訊品質低落。因此，與既有系統具有密切關係的新設伺服器，請勿勉強配置於雲端服務平台，安排在公司內部的 DMZ 是比較好的選擇。

● 若採用雲端形式需注意費用問題

雲端服務大多採用定期收費的制度，會根據每月的使用量(運作時間、資料傳送量或連線次數等)來收取相對應的費用。由於公開伺服器常常需要面對來自於網際網路的威脅，如果受到來自網路的大量 DDoS(Distributed Denial of Service, 分散式阻斷服務)攻擊，可能會產生相當可怕的費用。總之，**將伺服器配置於雲端服務的做法，雖然可以減少維運管理上的風險，不過對於可能因此而衍生的問題也必須預先熟悉**。

看圖學觀念！

●需考慮與既有系統連動、或營運成本等多項條件

對外公開的伺服器是對網際網路上的眾多用戶提供服務，可配置於公司內部機房的 DMZ、或雲端服務平台上。

配置於雲端服務業者

- 能將伺服器的部分管理工作交給雲端服務負責
- 即使辦公室發生災害狀況，雲端上的服務仍然可以繼續運作
- 如果需要和公司內部的伺服器進行連動，必須確保通訊上的安全性，還有若是雲端機房的距離較遠，通訊速度和回應間隔會隨之變差。
- 如果是需付費的收費制度，若產生超越預期的通訊量，可能會被收取高額的費用。

對圖中的 VPN 或 DMZ 若還不太熟悉，分別在 5-12 節及 7-4 節會有說明。

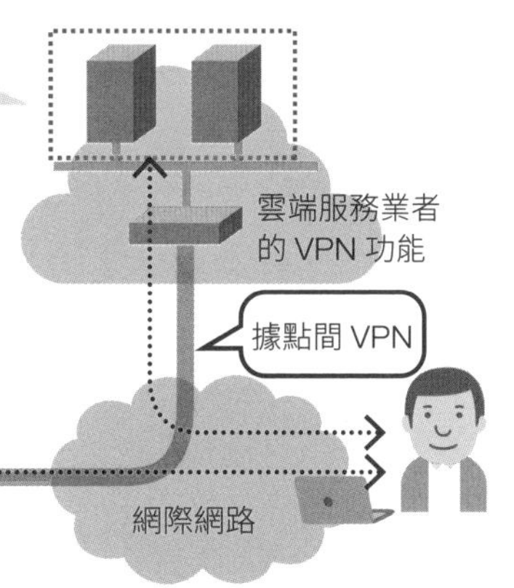

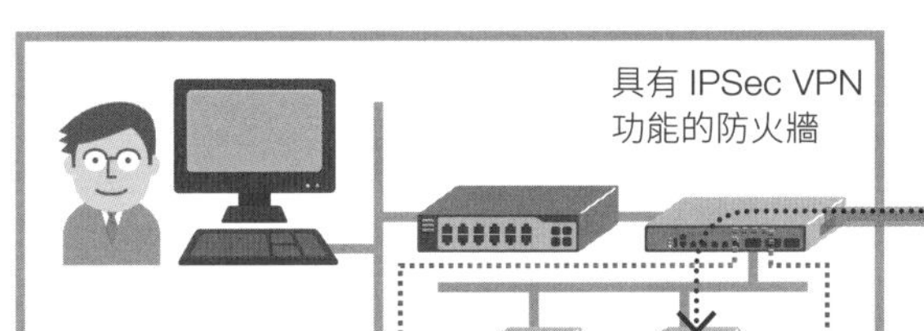

配置於 DMZ

- 和公司內部的其他伺服器連動時，其通訊效率較佳。
- 由於公開伺服器基本上需要持續運作，必須具備較高等級的維運管理能力。
- 必須準備伺服器或網路設備等硬體設備以及設置的空間。

對於各種公開伺服器所提供的功能等內容，此章節之後將逐一進行解說。

02 公開位於公司內部的伺服器

若想將設置於公司內部空間(On-Premises)的伺服器對外公開運作，通常需要完成下列步驟。

① 設置連網線路

如果想對外公開您的伺服器，開始提供服務，首先當然必須完成網際網路連線的設置工作，**可以根據費用、連線速度等條件**，選擇光纖等合適的連網服務。

② 取得固定 IP 位址

決定了合適的連網服務之後，還需要向提供該服務的 ISP(Internet Service Provider, 網路連線服務提供者)取得可從外部連線的固定 IP 位址，雖然浮動式的 IP 位址可以搭配動態 IP 轉址之類的服務來運作，不過以固定的 Global IP 位址來架設伺服器是比較普遍的做法。

③ 申請網域名稱(Domain Name)

向域名註冊業者(Domain Name Registrar)申請取得網域名稱，並且將此網域名稱和 Global IP 位址登錄至 DNS 伺服器、讓 2 者產生對應關係，台灣的 ISP 業者大多也有提供域名租用、以及登錄至 DNS 伺服器的域名代管服務。

④ 伺服器本身的整備工作

準備好即將對外公開的伺服器軟硬體設備，配置於稱為「DMZ(De-Militarized Zone, 非軍事區)」、也就是公開伺服器專用的網路區域，並且在此公開伺服器上設定區網的私有 IP 位址。

⑤ 在防火牆上設定 NAT

修改防火牆的設定，將分配給伺服器的私有 IP 位址和步驟②取得的 Global 固定 IP 位址、設為相對應的 NAT(網路位址轉換)設定。

⑥ 在防火牆上允許必要的連線通訊

最後的步驟是允許從外部連至公開伺服器，**應當將設為允許的連線通訊限制在最低程度，以免降低網路安全等級**。

補充 若採用固定式 Global IP 位址的方式，需要注意一下所取得 IP 位址的數量是否足夠，預先決定哪個 IP 位址分配給哪台伺服器。

看圖學觀念！

●向各種業者租用服務、設定公司網路環境

舉凡連接網際網路線路以及 Global 固定 IP 位址等準備事項，都需要向相關業者申請使用。

1 選定網際網路的連網服務

考慮費用、連線速度等條件來選擇。

2 取得可連線的 IP 位址

向選定的 ISP 業者取得固定的 Global IP 位址。

3 申請網域名稱

向域名註冊業者申請網域名稱，與先前取得的固定 Global IP 位址產生對應關係，此對應關係在 DNS 系統中達到穩定前需要數小時至 1 天的時間。

4 伺服器本身的整備工作

準備伺服器軟硬體設備，配置於網路環境的 DMZ 區域。

5 在防火牆上設定 NAT

將公開伺服器上設定的私有 IP 位址和 2 所取得的固定式 Global IP 位址，在防火牆上寫入這 2 者互相轉換的 NAT 設定。

6 在防火牆上允許必要的連線通訊

為了允許連至公開伺服器的連線通訊，需要在防火牆上修改相關設定。

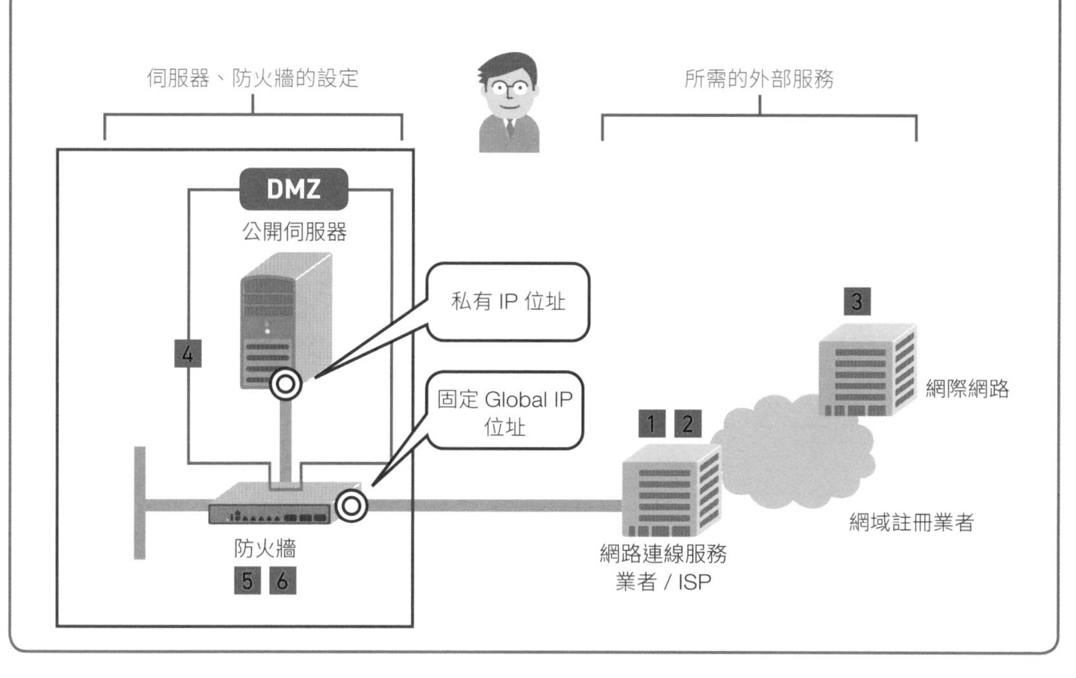

03 公開位於雲端環境的伺服器

若想讓設置於雲端環境的伺服器開始對外營運，需要逐一完成的步驟如下，這裡以市佔大、從大企業到中小企業都會使用的 Amazon Web Service(簡稱 AWS) 為例進行說明 (就算您還沒打算實作也可以一窺大致流程)。

① 申請網域名稱

向域名註冊業者 (Domain Name Registrar) 申請取得網域名稱。

② 伺服器的準備工作

在 Amazon EC2 上建立之後預備對外公開的 Instance(執行個體，即虛擬伺服器)，建立時可以選擇 Machine Image(作業系統映像檔) 以及使用的硬體資源 (CPU、RAM、儲存空間以及網路可用流量等)，然後在建立完成的 Instance 內安裝用來提供各種服務的伺服器端軟體。

③ 分配 Global IP 位址

「**Elastic IP Address**」是用來分配固定 IP 位址的服務，Instance 建立之後預設會取得浮動的 IP 位址，因此需要設定 Elastic IP Address，讓 Instance 對應到固定的 Global IP 位址。

④ 在 Route 53 登錄網域名稱

「**Route 53**」是 AWS 所提供的 DNS 服務，此步驟需要將步驟①所取得的網域名稱登錄至 Route 53，並且記下實際取得該網域名稱管理權的 DNS 伺服器。

⑤ 向域名註冊業者登錄 DNS 伺服器

向先前申請網域名稱的域名註冊業者登錄步驟④所記下的 DNS 伺服器。

⑥ 讓固定 IP 位址和網址產生關聯

回到 Route 53，讓 FQDN(主機名稱 + 網域名稱的完整網址) 與在 Elastic IP Address 所取得的固定 IP 位址產生對應關係。

⑦ 以 Security Group 允許必要的連線通訊

連至 Instance 的通訊可透過「**Security Group**」來進行控管，所以最後需要設定 Security Group 來允許必要的連線通訊，這和公司內部伺服器的原則相同，**應當僅允許最低限度的連線通訊，以免降低網路安全的等級**。

補充　AWS 還備有用來提供負載平衡功能的「Elastic Load Balancing」、以及提供資料庫伺服器功能的「S3」等各式各樣的服務。

看圖學觀念！

●向雲端和域名註冊業者租用服務、設定雲端環境

在雲端服務的平台上，可以架設虛擬伺服器以及完成固定式 Global IP 位址、DNS 伺服器以及網路安全方面等各種設定。如下圖所示：

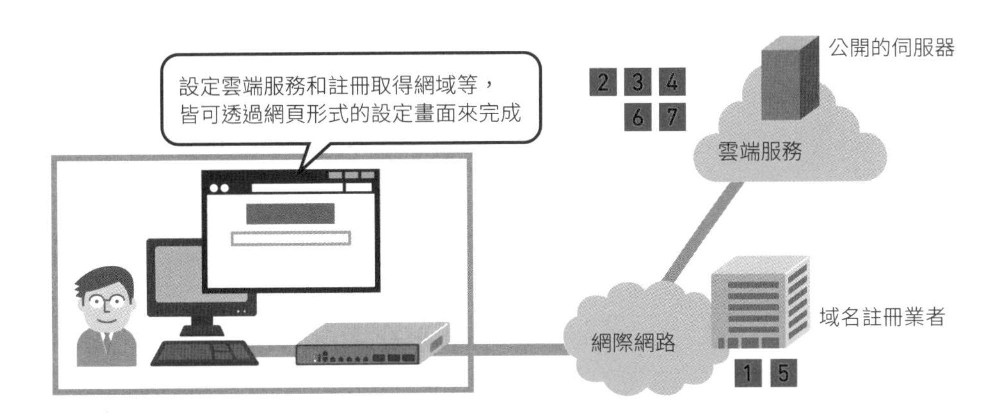

1 申請網域名稱

向域名註冊業者申請取得網域名稱。

2 伺服器的準備工作

在雲端服務上建立欲公開的 Instance（虛擬伺服器），並安裝各種所需的伺服器端軟體。

3 分配 Global IP 位址

取得雲端服務所提供的固定 Global IP 位址，分配給 **2** 所建立完成的 Instance（虛擬伺服器）。

4 在雲端的 DNS 服務登錄網域

在雲端的 DNS 服務中登錄 **1** 所取得的網域，同時應該可以得知取得該網域管理權的 DNS 伺服器（NS 記錄）。

5 向域名註冊業者登錄雲端的 DNS 伺服器

至域名註冊業者的網站（線上服務）登錄雲端服務的 DNS 伺服器。

6 在雲端的 DNS 服務中、讓固定 IP 位址和網址產生關聯

在雲端的 DNS 服務中，讓 FQDN（主機名稱 + 網域名稱的完整網址）與固定 Global IP 位址產生對應關係（A 記錄）。

7 利用雲端的防火牆功能允許必要的通訊

雲端平台通常也會提供類似防火牆的功能，可以利用這類功能設定允許連至 Instance（虛擬伺服器）的通訊。

04 網頁伺服器的功能

網際網路上最普遍使用的就是**網頁伺服器**，提供網頁瀏覽、檔案傳送以及影片發佈等各式各樣的服務，網頁伺服器所使用的通訊協定是「**HTTP(HyperText Transfer Protocol)**」，HTTP 本身的運作機制相當簡單，由於它可以達成多樣化的目的，已經是網際網路上無法或缺的服務形式。

說到可提供網頁服務的伺服器端軟體，最知名的要屬開放原始碼軟體的「**Apache**」、以及 Windows Server 作業系統內建的「**IIS(Internet Information Services)**」，兩者都能提供網頁形式的服務。相對於 Apache 可在大部分的作業系統上運行，IIS 僅支援 Windows 作業系統。

至於用戶端的軟體是大家很熟悉的網頁瀏覽器，包括 Chrome、Firefox 和 Internet Explorer... 等。

在 HTTP 的運作方式上，用戶端 (網頁瀏覽器) 會送出「請給我○○檔案」的要求，網頁伺服器會以「傳送○○的資料」來回應，是**相當典型的用戶端 / 伺服器端型式的通訊協定**。用戶端瀏覽器連線至網頁伺服器的時候，傳送內容包含著「**方法(Method)**」以及「**URL(Uniform Resource Locator)**」，方法代表請求伺服器執行某項動作，舉例來說，想讓伺服器傳送檔案過來時使用「GET」，反過來送出檔案則用「POST」。

至於 URL(網址)，大家都不陌生是寫成「http://www.example.tw/news/index.html」的形式，開頭的「http」被稱為「Scheme(意思接近輪廓、架構)」，當網頁瀏覽器看到 Schema 部分的關鍵字，便會依此決定交換資訊所採用的通訊協定，而 Scheme 後方還需要加上網頁伺服器的主機名稱 (www)、網域名稱 (example.tw)、以及網頁伺服器上的檔案路徑 (/news/index.html) 等，明確指定執行動作的目標對象。

看圖學觀念！

●網頁服務的運作機制

指定 URL 就可以取得網路上的網頁資訊，網頁服務的運作是倚靠「HTTP」通訊協定。

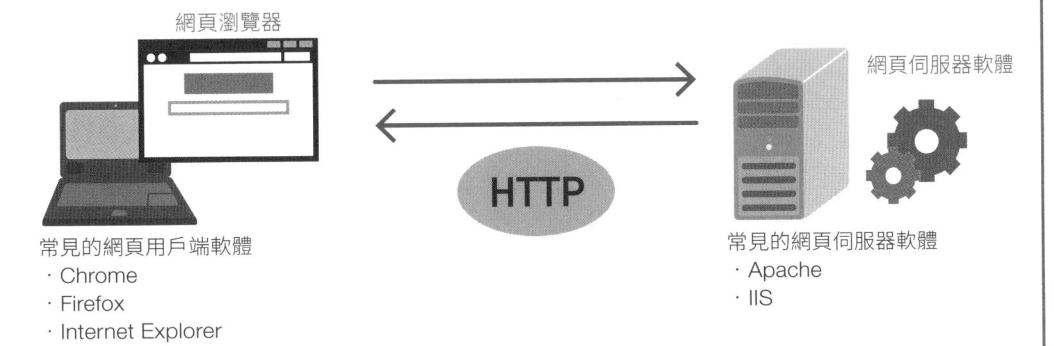

用戶端需要按照 HTTP 的規則，以方法和 URL 對伺服器提出請求，伺服器便會針對請求的內容回傳檔案資料或執行結果。

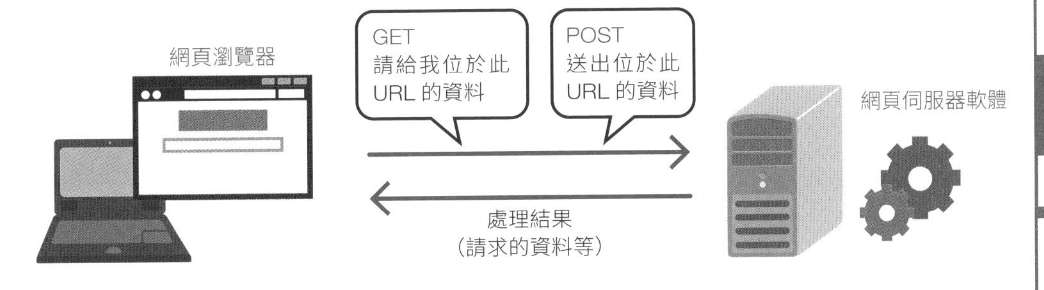

●URL 代表目標對象的檔案或程式

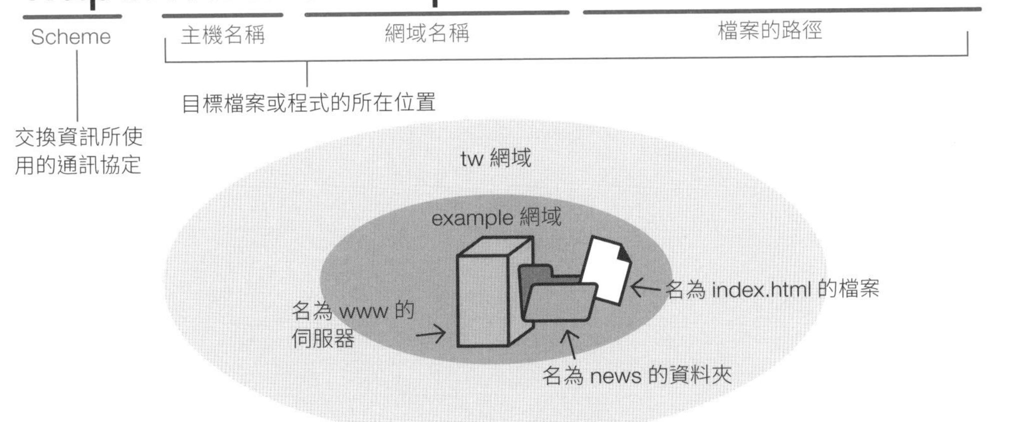

Chapter 5 對外營運的伺服器

05 網頁伺服器的運作方式

網頁伺服器收到從用戶端瀏覽器傳送過來的請求 (Request) 之後，便會根據請求的資訊執行對應的處理動作。請求資訊內的 URL 所指定的檔案資源屬於靜態的網頁內容、或屬於動態的網頁內容，網頁伺服器的處理方式將有所不同。

● 靜態網頁內容的處理方式

所謂的靜態網頁內容，指的是再度進行更新之前、都會回傳相同頁面資訊的網頁內容(網頁檔案內只有固定的版面配置和文字資訊等)。當網頁伺服器收到想要取得靜態網頁內容的用戶端請求，就會取出先前存入的檔案，直接將其內容資料回傳給用戶端。由於靜態網頁內容的處理方式僅是直接回傳伺服器上儲存的檔案，所以處理速度較快，不過網頁內容所記載的資訊每次發生變動的時候，要需要網站營運相關人員手動編輯、修改檔案，在管理上比較耗費時間人力。

● 動態網頁內容的處理方式

而動態的網頁內容能根據用戶端傳送過來的額外資訊，回傳不同畫面、資料的網頁內容。當網頁伺服器收到目標為動態網頁內容的用戶端請求，會先執行某些處理動作，之後才將最終結果回傳給用戶端。

做為產生動態網頁內容的手段，較具代表性的方式有「**CGI(Common Gateway Interface)**」以及「**Web API(Application Programming Interface)**」等。以前大多採用所有的處理動作皆在伺服器端完成的 CGI 方式，不過最近逐漸傾向使用 Web API 的方式，將產生頁面的處理部分交由用戶端執行。

在 Web API 方式之下，網頁伺服器能接收傳送至 Web API 的 XML 或 JSON 格式的請求，並且根據這樣的請求執行對應的處理動作，然後以相同的資料格式回傳處理結果，而用戶端的網頁瀏覽器再運用接收到的處理結果組織成動態的頁面。亦即網頁伺服器的程式提供資料內容，用戶端瀏覽器的程式產生頁面配置。

補充 Web API 較具代表性的實作方法為「REST」，REST 可利用 URL 指定想讓伺服器執行的處理動作、同時接收執行的結果。

看圖學觀念！

●傳送靜態網頁內容

伺服器會回傳預先存入的網頁內容。

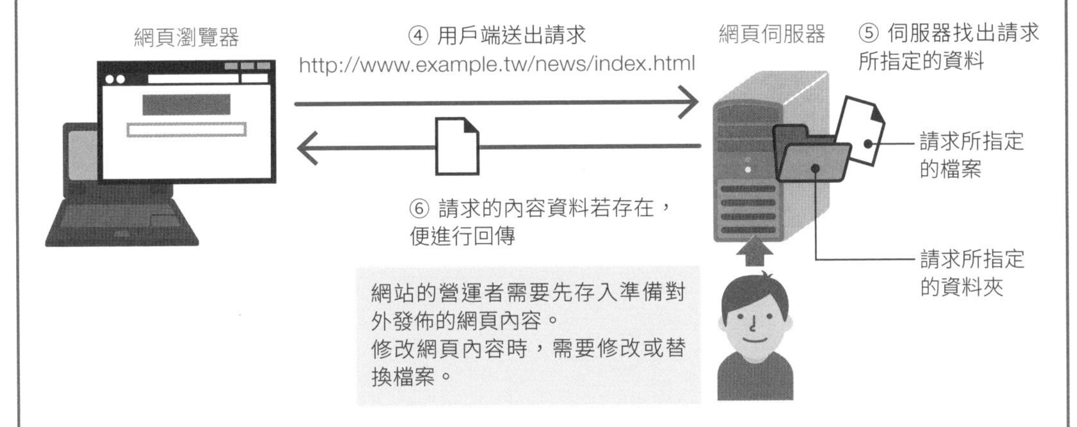

●傳送動態網頁內容

伺服器會回傳程式產生的網頁內容。

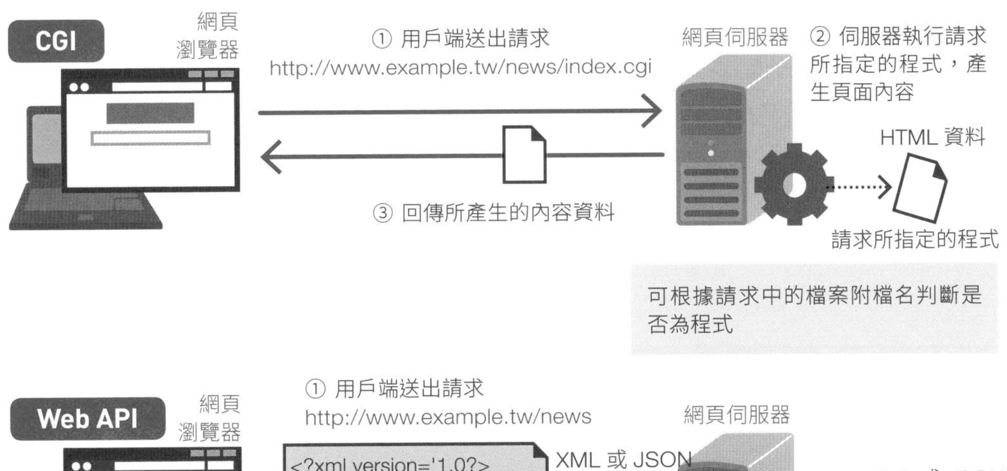

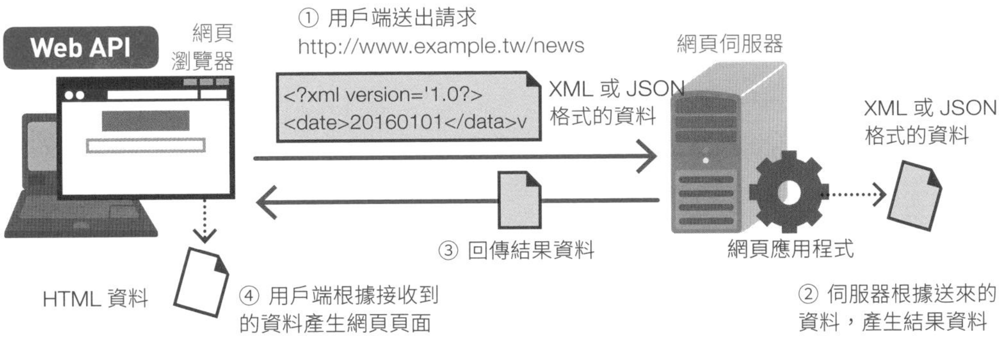

06 SSL 伺服器的功能

雖然網際網路已經成為日常生活當中不可或缺的一部分，不過也伴隨著看不見的威脅，例如無法預料您的私密資料何時會被誰窺探、或遭竄改等。

面對這樣的威脅，守護重要資料、名為「**SSL(Secure Sockets Layer)**」的協定便出現了。SSL 可對資料進行加密、或驗證連線對象的身分，藉此來保護資料。也許您曾經看過以「https://」起始的 URL，而這個 HTTPS 就是「HTTP over SSL」的簡稱、以 SSL 對 HTTP 進行加密的通訊協定。

● 代表性的 SSL 伺服器軟體

開放原始碼軟體的「OpenSSL」以及 Windows Server 作業系統內建的「IIS」，都是能提供 SSL 服務的伺服器端軟體。OpenSSL 一般會以網頁服務軟體 Apache 附屬模組的形式進行安裝，形成與 Apache 合作運行的架構。至於 IIS 則是預設內含 SSL 的相關功能。

● SSL 能抵抗的威脅

為了守護重要的資料，SSL 運用了「**加密**」、「**訊息摘要 (Message Digest)**」以及「**數位憑證**」等技術。所謂的**加密**是根據特定的規則來轉換資料的技術，將資料進行加密之後，即使被攔截、獲取，他人也難以得知原本內容，藉以防止資料被「竊取」。

訊息摘要是使用某種演算法、從原本的資料計算出 1 段固定長度的資料 (Hash Value, 雜湊值) 的做法，實際交換資料的時候，發送端和接收端可以分別計算雜湊值，如果相同即代表資料在傳送前後沒有發生變化，利用訊息摘要的技術即可防止惡意的第三者竄改資料。

數位憑證是能證明某台網路上的電腦主機是否為本尊的檔案，如果能確認連線對象的真實身分，當然就能避免偽裝的狀況發生。

補充 SSL 目前已經發展至名為 TLS(Transport Layer Security) 的標準規格，不過一般還是習慣稱為 SSL。

看圖學觀念！

透過網際網路傳送的資料可能會有被窺視、或改寫成其他內容之類的疑慮，運用名為 SSL 的通訊協定，就可達成對資料進行加密、或驗證通訊對象等防護手段。

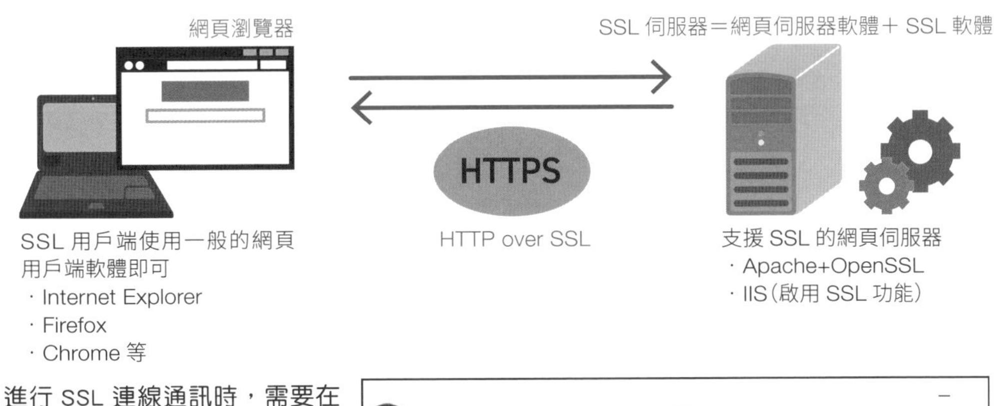

進行 SSL 連線通訊時，需要在網頁瀏覽器輸入以「https://」起始的 URL。

使用 SSL 的連線訊方式，即可防止資料的「竊取」、「竄改」、以及「偽裝」通訊對象等狀況。

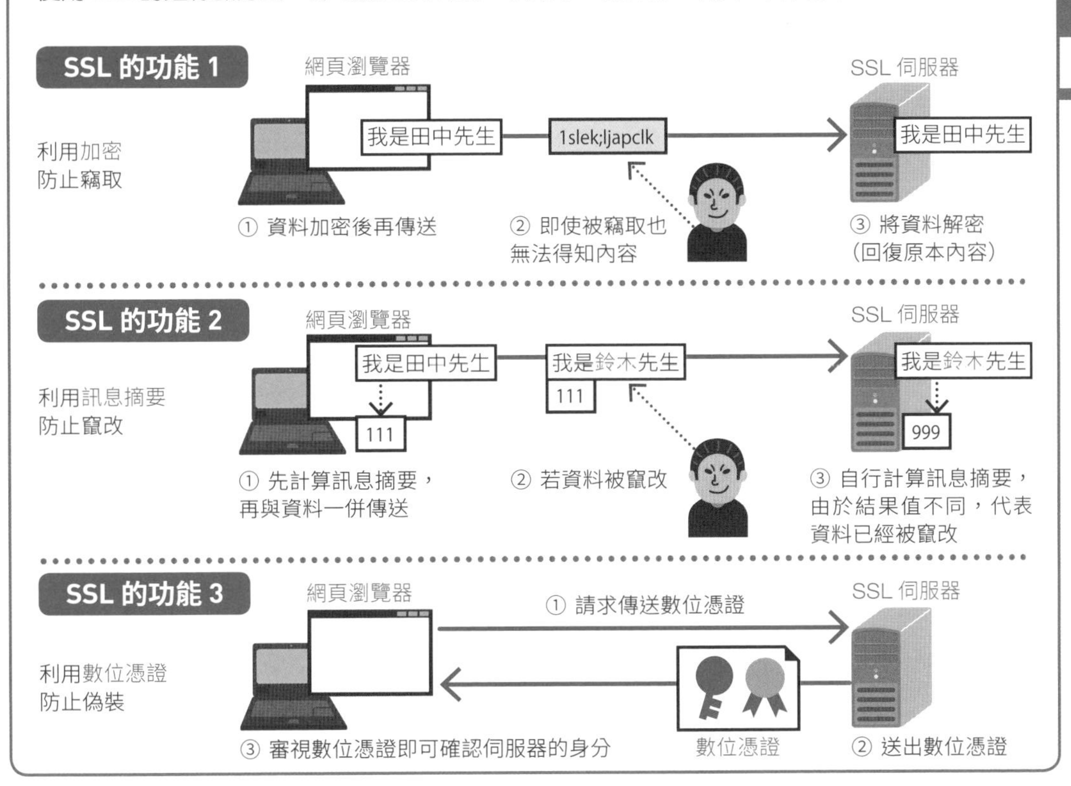

07 2 種金鑰加密技術

前面 5-6 節所介紹的 SSL 機制中，必須具有用來進行加密的「**加密金鑰**」以及用來解除加密的「**解密金鑰**」，而網路通訊所採用的加密技術，按照用戶端和伺服器端的加密金鑰和解密金鑰持有做法，大致上可分為「**對稱金鑰加密 (Symmetric-key Algorithm)**」以及「**公開金鑰加密 (Public-key Cryptography)**」等 2 種方式。

對稱金鑰加密是加密金鑰和解密金鑰皆採用同一金鑰的加密方式。用戶端和伺服器端需要預先持有相同的金鑰，當用戶端使用該金鑰進行加密，伺服器端即可使用相同的金鑰進行解密。對稱金鑰加密的機制較為單純，所以在運算處理上的負荷較小，不過由於必須預先持有相同的金鑰，需要特別考慮金鑰的發送方式，因為有安全上的顧慮，所以甚至衍生出「金鑰發送問題 (Key Distribution Problem)」的專有名稱。

而公開金鑰加密則是加密金鑰和解密金鑰分別採用不同金鑰的加密方式。伺服器需要製作成對的加密金鑰和解密金鑰，這樣的 1 組金鑰之間具有數學上的相依關係，以其中的 1 個金鑰進行加密之後，只能使用另外 1 個金鑰進行解密，而且以其中 1 個金鑰進行加密的資料，亦無法使用同一金鑰進行解密。

伺服器會將其中 1 個金鑰以「**公開金鑰**」的形式在網際網路上公開發佈，並且私下持有另外 1 個「**私密金鑰**」，如此一來，用戶端可以使用公開金鑰對資料進行加密的動作、再傳送至伺服器端，伺服器端則可使用私密金鑰執行解密的動作。雖然公開金鑰加密方式需要公開其中的公開金鑰，不過由於難以從公開金鑰推算出私有金鑰，所以無需擔心金鑰發送的問題。由於其運算處理相當複雜，必須注意硬體效能是否足以承擔這樣的負荷。

● SSL 組合使用了 2 種加密方式

對稱金鑰加密和公開金鑰加密的方式，在優點和缺點方面剛好互補，所以 **SSL 機制組合使用了這 2 種加密方式，藉以提升運算處理上的效率**。進行連線的最初先使用公開金鑰加密方式，讓伺服器和用戶端交換雙方需要共同持有的金鑰，之後再使用此交換所得的相同金鑰，以對稱金鑰加密方式來傳送其他資料，如此不但解決了對稱金鑰加密的金鑰發送問題，也減少了公開金鑰加密的運算處理負擔。

看圖學觀念！

●對稱金鑰加密與公開金鑰加密

電腦通訊中的資料加密和解密動作，需要使用到金鑰（金鑰其實就是 1 段資料）。

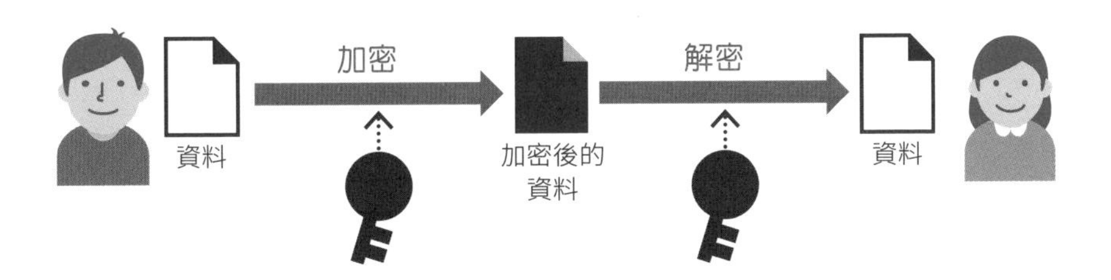

加密和解密使用相同金鑰的方式被稱為對稱金鑰加密。

加密和解密分別使用不同金鑰的方式則為公開金鑰加密。

對稱金鑰加密方式

共用金鑰

用於加密

共用金鑰

用於解密

- 加密和解密均使用相同金鑰。
- 由於其機制較為單純，比較不會對效能造成負擔。

問題點

- 由於用戶端和伺服器端需要使用相同的金鑰，如何安全地共同持有相同金鑰變成一大問題（金鑰發送問題）。

公開金鑰加密方式

公開金鑰

用於加密

私密金鑰

用於解密

- 以公開金鑰進行加密的資料，只能以成對的私密金鑰進行解密。
- 對於成對的公開金鑰和私密金鑰，很難從其中 1 個金鑰推算出另外 1 個金鑰。
- 運用方式是將公開金鑰傳送給用戶端，伺服器則私自保有私密金鑰。

問題點

- 運算處理相當複雜，會對電腦效能造成負擔。

SSL 組合使用了這 2 種加密方式，

同時解決金鑰發送和效能負擔的問題。

08 支撐 SSL 機制的技術

● SSL 伺服器必須擁有數位憑證

SSL 其中一個機制為「數位憑證」，可確認連線通訊的對象是否為真正的本尊，因此，管理者必須先對 SSL 伺服器存入、安裝有效的數位憑證，以下將從頭開始為您說明整個憑證申請、安裝的大致流程。

① 管理者操作 SSL 伺服器軟體產生私密金鑰和公開金鑰，然後將公開金鑰等資訊製作成「**CSR(Certificate Signing Request, 憑證簽署請求)**」檔案的形式，提交給被稱為「**憑證授權機構(Certificate Authority, 簡稱 CA)**」的第三方單位，而私密金鑰需要小心謹慎地保管。

② 通過授信審查之後，憑證授權機構會對 CSR 加上名為「**數位簽章**」、也就是證明「您是貨真價實的本尊」的標註，再以「**數位憑證**」的形式發還給管理者。

③ 最後管理者將從授權機構取得的數位憑證安裝至伺服器。

● 以 SSL 進行加密通訊的流程

數位憑證安裝完成之後，SSL 伺服器終於可以發揮它真正的功用，負責接收、處理來自於用戶端的 SSL 服務請求，其大致上的運作流程如下所示。

① 伺服器接收到來自於用戶端的連線請求之後，會回傳公開金鑰以及內含數位簽章的數位憑證。

② 用戶端會審視數位簽章、確認此數位憑證是否正確有效，如果沒有問題，便會將共用金鑰的基礎資料以公開金鑰進行加密、傳送給伺服器，若發現問題則回傳錯誤訊息。

③ 伺服器將傳送過來的資料以自己的私密金鑰進行解密，取出共用金鑰的基礎資料，而到此為止的步驟被稱為「**SSL Handshake**」。

④ 用戶端和伺服器根據基礎資料製作出共用金鑰，然後利用此共用金鑰進行加密通訊。

補充　對伺服器安裝數位憑證的時候，有可能需要一併安裝「中繼憑證」，此中繼憑證是用來連結授權機構憑證和自家伺服器憑證的數位憑證。

看圖學觀念！

●SSL 伺服器必須取得憑證

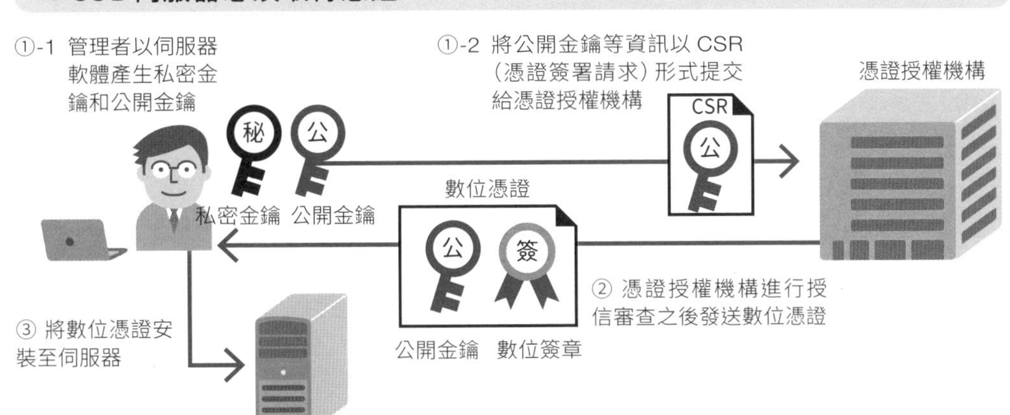

●以 SSL 進行加密通訊的流程

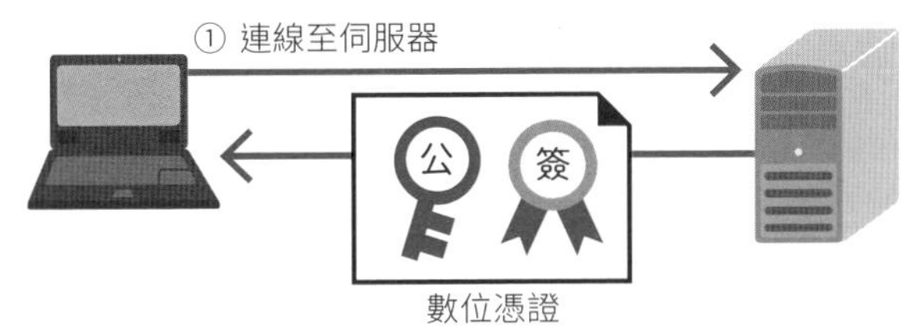

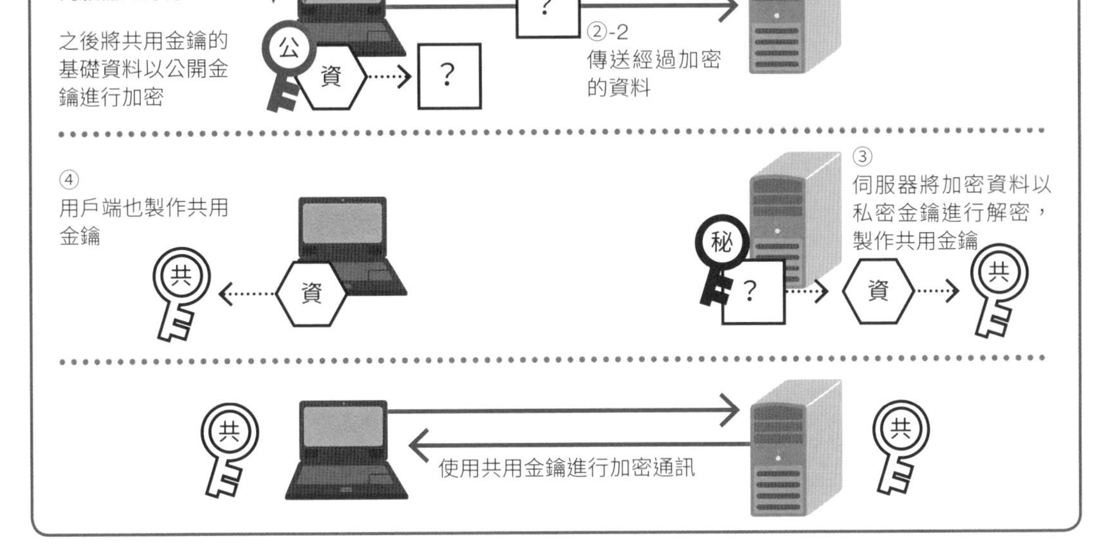

09 FTP 伺服器的功能

FTP 伺服器利用名為「FTP(File Transfer Protocol)」的通訊協定、能以較佳的效率來傳送檔案。FTP 是網際網路的草創初期就存在的通訊協定，能對網際網路上的不特定使用者發佈檔案、或提供對網頁伺服器上傳檔案，適用於其他各式各樣需要傳送檔案的場合。

說到可提供 FTP 服務的伺服器端軟體，Linux 作業系統平台上的「vsftpd」和「ProFTPD」，以及 Windows 作業系統平台上的「IIS」內含的 FTP 伺服器功能，均是相當知名的伺服器端軟體。

另外一方面，較具代表性 FTP 用戶端軟體，那就必須提一下網頁瀏覽器，網頁瀏覽器雖然主要是 HTTP/HTTPS 的用戶端軟體，同時亦能成為 FTP 的用戶端，只要在瀏覽器的網址列輸入以「ftp://」開頭的網址，便能與該網址的 FTP 伺服器交換檔案，除了瀏覽器外還有 FileZilla 等專為連接 FTP 服務所設計的用戶端軟體。

● FTP 沒有加密功能

「**身分驗證**」是 FTP 伺服器最重要的功能，FTP 伺服器可以替每位使用者分配專用的檔案儲存空間(使用者目錄)，並且設定成看不到其他使用者的檔案、或賦予特定使用者某個檔案或目錄的「讀取」或「寫入」權限。

雖然目前雲端硬碟等服務盛行，FTP 仍扮演一定的角色，只不過它具有 1 個致命性的缺點，那便是安全性方面的問題。**FTP 雖然具備使用者身分驗證的功能，不過卻缺少通訊加密的功能**，因此，在 FTP 伺服器和 FTP 用戶端之間交換的資料，全部都是以明文、相當於赤裸裸的狀態在網路上傳送。

如果對檔案傳輸的安全性有所顧慮，勢必要改採對 FTP 以 SSL 進行加密的「**FTPS (FTP over SSL)**」、或利用 SSH 進行加密的「**SFTP(SSH File Transfer Protocol)**」等其他通訊協定，附帶一提，各款 FTP 伺服器端軟體，大多皆有支援上述的加密通訊協定。

看圖學觀念！

●用來傳送檔案的 FTP

需要對網頁伺服器上傳網頁檔案之類的時候，可以採用檔案傳送效率較佳、名為 FTP 的通訊協定。

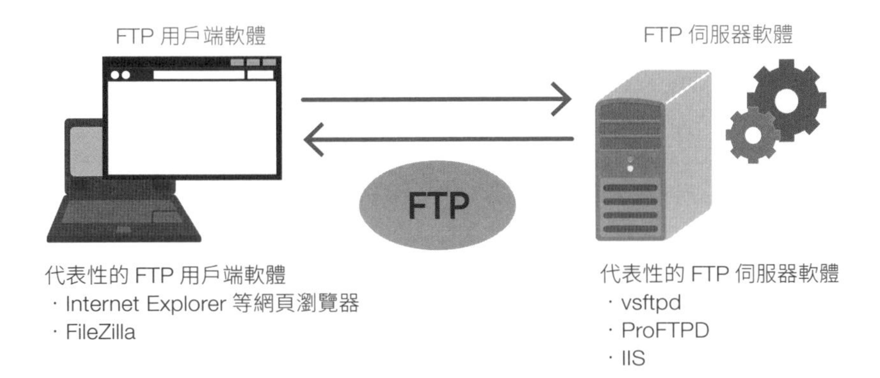

對於連線進來的使用者，FTP 伺服器具有使用者身分驗證的功能，可對個別使用者分配用來儲存檔案的空間、供各使用者運用。

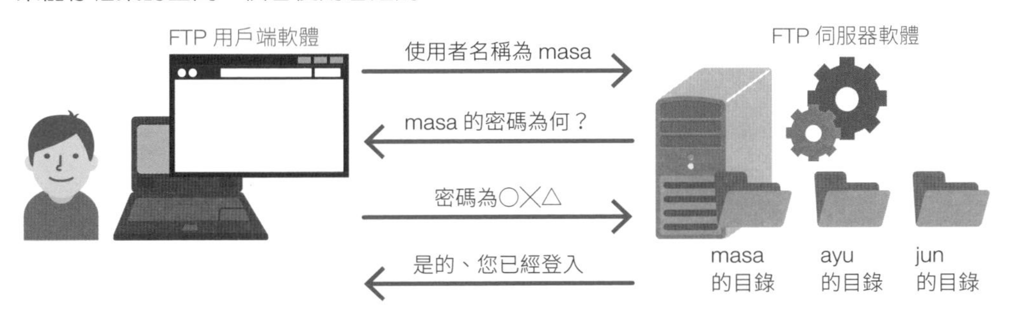

用戶端需要按照 FTP 的規則，向伺服器傳送代表各種功能的指令，交換指令和傳送檔案會分別建立 2 個不同的通訊埠連線。(伺服器端預設以 Port 21 交換指令、Port 20 傳送檔案)

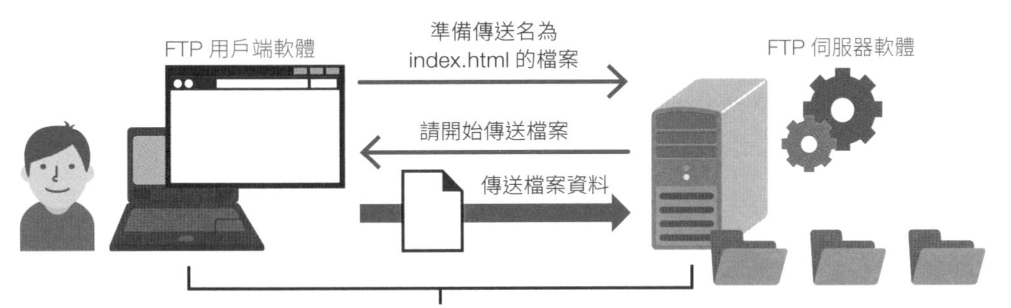

在 FTP 的機制中，用戶端和伺服器之間的通訊內容不會進行加密、直接在網際網路上傳送。
若對安全有所顧慮，請改為採用 FTPS 或 SFTP 等協定。

10 網頁應用程式伺服器的功能

在網際網路上提供各種服務的網站，**其網頁系統大多是由網頁伺服器、網頁應用程式伺服器、以及資料庫伺服器所形成的 3 層架構**。外層的網頁伺服器負責處理用戶端瀏覽器的請求，內部的資料庫伺服器則負責儲存網頁所需的資料，而在 2 者之間架起連結橋梁的伺服器即是「**網頁應用程式伺服器 (Web Application Server, AP 伺服器)**」。網頁應用程式伺服器提供了伺服器端程式的執行環境、以及連接至資料庫存取資料等相關功能，在網頁系統中扮演著相當重要的角色。

● 2 種類型的網頁應用程式伺服器]

開發、運行網頁應用程式的時候，「**Java EE**」和「**.NET Framework**」是經常被採用的 2 款程式框架 (Framework)，因此，網頁應用程式伺服器按照所採用的程式框架，大致上可分為「**Java 應用程式伺服器**」以及「**.NET 應用程式伺服器**」。

而能提供 Java 應用程式服務 (運作平台) 的伺服器端軟體，目前有 Oracle 公司的「WebLogic Server」、IBM 公司的「WebSphere Application Scerver」、以及屬於開放原始碼的「Apache Tomcat」等軟體。另外一方面，可提供 .Net 應用程式服務的伺服器端軟體僅有「IIS」，IIS 除了網頁伺服器的功能之外，同時也具有應用程式伺服器的功能。

● 網頁應用程式伺服器所具有的功能

無論是採用 Java 應用程式伺服器或是 .NET 應用程式伺服器，它們所具有的基本功能並沒有太大的差異，而在網頁應用程式伺服器所提供的各種功能當中，最具代表性的應該便是「**資料庫連接功能**」。如同先前所述，大部分的網頁系統是由網頁伺服器、網頁應用程式伺服器、以及資料庫伺服器所形成的 3 層架構，網頁應用程式伺服器不僅只是單純連接至資料庫伺服器、執行讀取 / 寫入資料庫的動作，還需要維持較佳的連線方式，藉以減少資料傳送處理上的負擔。

補充 網頁伺服器和網頁應用程式伺服器，不一定需要運行於不同的伺服器設備，也可以設置在相同的伺服器設備之上。此外，台灣以 PHP 擔任應用程式伺服器部分的做法也相當常見。

看圖學觀念！

●提供網站程式的運行環境以及資料庫連接功能

能產生動態網頁內容的網頁系統，一般多由網頁伺服器、網頁應用程式伺服器、資料庫伺服器等 3 層架構所形成。

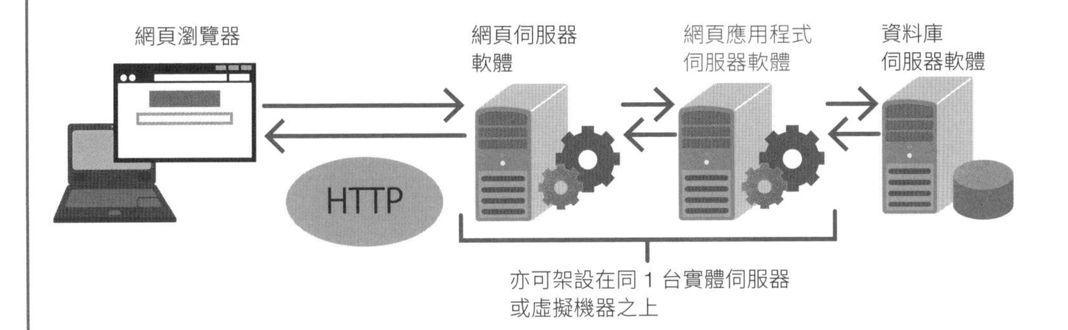

網頁應用程式伺服器的功用，能按照網頁用戶端的請求來執行特定程式、或連接至資料庫存取資料等，藉以產生、提供動態的網頁內容。

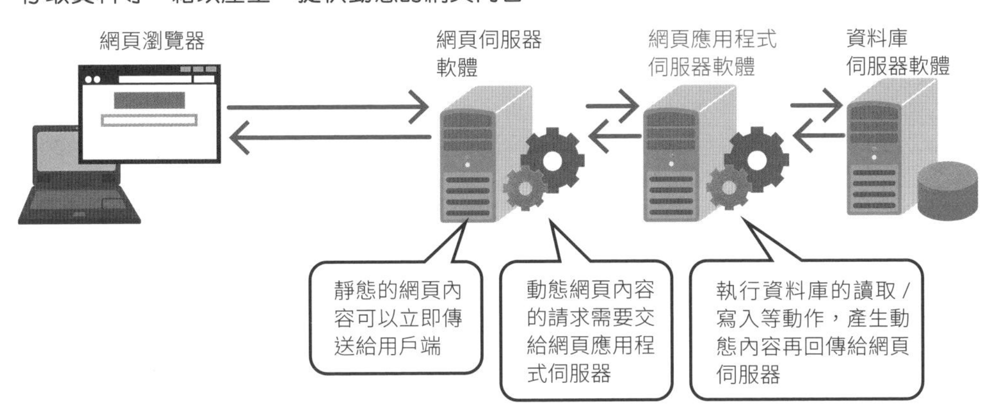

●主要的 2 種網頁應用程式伺服器

目前的網頁應用程式伺服器主要有 2 種類型，它們在開發工作上所採用的程式語言、以及對應的開發和運行環境皆有很大的差異。

類型	代表性的伺服器端軟體	簡介
Java 應用程式伺服器	WebLogic Server、WebSphere Application Scerver、Apache Tomcat	能執行以 Java EE 語言規格所撰寫而成的 Java 應用程式
.NET 應用程式伺服器	IIS	能執行以 .NET Framework 此開發、執行環境所撰寫而成的應用程式

11 資料庫伺服器的功能

能根據來自於網頁應用程式伺服器的連線請求，執行資料的查詢、更新(包含新增、修改和刪除)等動作的伺服器即是「**資料庫伺服器**」，另外，用來提供資料庫管理功能的軟體被稱為「**資料庫管理系統(DataBase Management System, DBMS)**」。

● 目前的主流為關連式資料庫

「**關聯式資料庫(Relational Database)**」是主流的資料庫形式，關聯式資料庫是利用列(row)與行(column)所構成的資料表(Table)來執行資料管理工作，聽到資料表的名詞也許會讓您感覺有些難度，不過簡單來說，這樣的資料表其實就有如Excel軟體的工作表(Sheet)，只要在其中的儲存格內存入資料，即可完成清楚有條理的資料儲存工作。

提供關聯式資料庫管理功能的軟體稱為「**RDBMS(Relational Database Management System)**」，而說到較具代表性的RDBMS，包括Oracle公司的「Oracle Database」和「MySQL」、屬於開放原始碼的「MariaDB」以及Microsoft公司的「SQL Server」等軟體。

● 用 SQL 語言操作資料庫

操作關聯式資料庫的時候，所使用的語言稱為「**SQL(Structured Query Language)**」，基本的SQL語法可以適用於各家的RDBMS，在某種程度上具有一定的共通性。網頁應用程式利用對資料庫伺服器傳送SQL指令的做法，即可完成資料的「查詢」、「新增」、「修改」和「刪除」等動作，而這4種基本操作分別對應著如下所示的SQL指令。

① 查詢資料：SELECT

② 新增資料：INSERT

③ 修改資料：UPDATE

④ 刪除資料：DELETE

補充 除了 RDBMS 之外，目前相當受到矚目的資料庫形式為「NoSQL」，NoSQL 省略了 RDBMS 的部分功能，意圖藉此達成資料處理的高速化。

看圖學觀念！

●集中管理網頁應用程式所需的資料

「資料庫伺服器」的任務是保存、管理資料，在網頁系統的 3 層架構中，它會接收來自於網頁應用程式伺服器的指令，執行資料的「查詢」、「新增」、「修改」和「刪除」等動作。

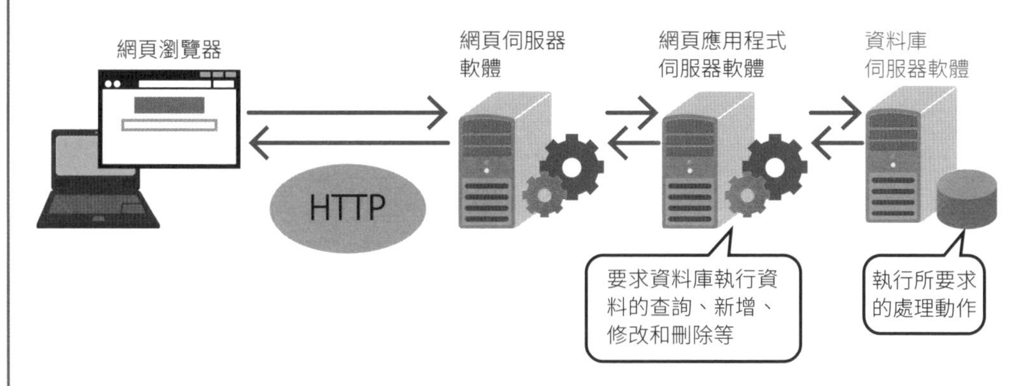

目前的主流資料庫形式為**關聯式資料庫**（RDB），這樣的資料庫是利用列與行所構成的資料表來管理資料。

商品編號	商品名稱	單價	庫存數量
1	餐盤	1000 元	100
2	馬克杯	1500 元	100
3	便當盒	2000 元	100

訂單編號	販售日期	商品編號	訂購數量
1	2016/02/18	3	1
2	2016/02/20	1	4
3	2016/02/29	2	2

舉例來說，可以根據商品編號的資訊，讓資料表產生關聯（Relation）、相互結合運用

訂單編號	單價 ×訂購量
2	4000 元

代表性的資料庫伺服器軟體
（RDBMS 產品）
・Oracle Database
・MySQL
・SQL Server

●關聯式資料庫需要利用 SQL 來操作

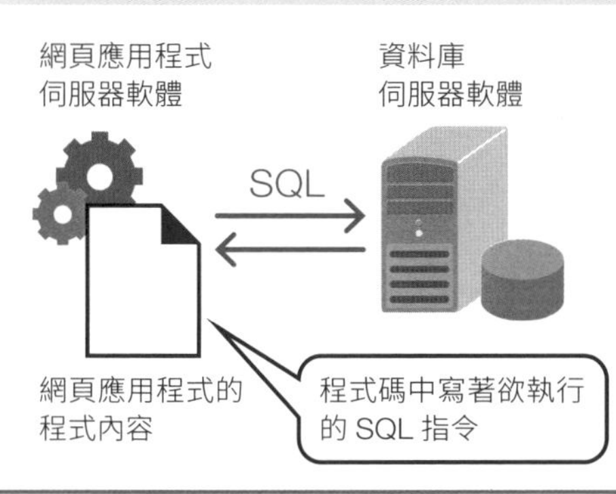

按照來自於網頁用戶端的請求，網頁應用程式在執行過程中會對資料庫伺服器送出 SQL 指令。SELECT 這個指令的用途為查詢資料，可以附加指定各式各樣的條件，以偏好的形式取出所需的資料。

12 VPN 伺服器的功能

「**VPN(Virtual Private Network, 虛擬私人網路)**」技術能利用網際網路建構出虛擬的專用線路，用來串聯各處據點的區域網路、或提供外部使用者連入區域網路的管道。按照其連接的對象，VPN 可分為連接各據點區域網路的「**據點間 VPN**」、以及提供外部或行動使用者連入的「**遠端連線 VPN**」。

● 連接各據點的 VPN

據點間 VPN 可用於串聯位於多處地點的區域網路，當公司企業或各種組織在不同地理位置設有據點、並且需要連接各處區域網路時，即可使用此種 VPN 技術。據點間 VPN 一般採用的加密通訊協定為「**IPSec**」，利用 IPSec 在各據點間擔任驗證、以及對通訊內容進行加密等工作，藉此確保借道網際網路的據點間通訊之連線安全性。

實際建立據點間 VPN 的時候，各據點需要設置具有據點間 VPN 功能的路由器或防火牆等網路設備，也就是把這些網路設備當作 VPN 伺服器來運用。附帶一提，目前幾乎大部分的雲端服務業者皆有提供如同據點間 VPN 功能的服務項目，只要將設置於公司自有空間的專用伺服器設備連接至雲端服務所提供的據點間 VPN 服務，便可建構出私有的雲端環境。

● 提供遠端使用者連入的 VPN

供外部或行動使用者經由網際網路遠端連入區域網路，這樣 VPN 技術則是遠端連線 VPN，只要使用者連接著網際網路、再使用遠端連線 VPN 的功能，那麼無論身處何處都能像是位於公司的區域網路環境，想要連上公司內部的伺服器也不成問題。

遠端連線 VPN 具有使用 IPSec 的「**IPSec VPN**」以及使用 SSL 的「**SSL-VPN**」等形式。採用 IPSec VPN 的時候，公司端需要設置具有 IPSec VPN 功能的路由器或防火牆等網路設備來當作 VPN 伺服器，而使用者利用電腦中安裝的 VPN 用戶端軟體連至公司 VPN 伺服器，即可完成 IPSec VPN 的連接動作。而採用 SSL-VPN 的時候，公司端需要設置 SSL-VPN 的 VPN 專用伺服器設備，使用者若以電腦中的網頁瀏覽器連接至 SSL-VPN 專用伺服器，頁面即會顯示可連線的公司內部伺服器的相關連結，或是開始安裝 SSL-VPN 用戶端的模組程式、藉以連入內部的區域網路。

看圖學觀念！

●利用 VPN 即可達成網際網路上的安全通訊

在網際網路上建立其通訊內容皆經過加密的連線，即可架設起 2 個地點之間的虛擬專用線路，而這樣的技術就稱為 VPN。

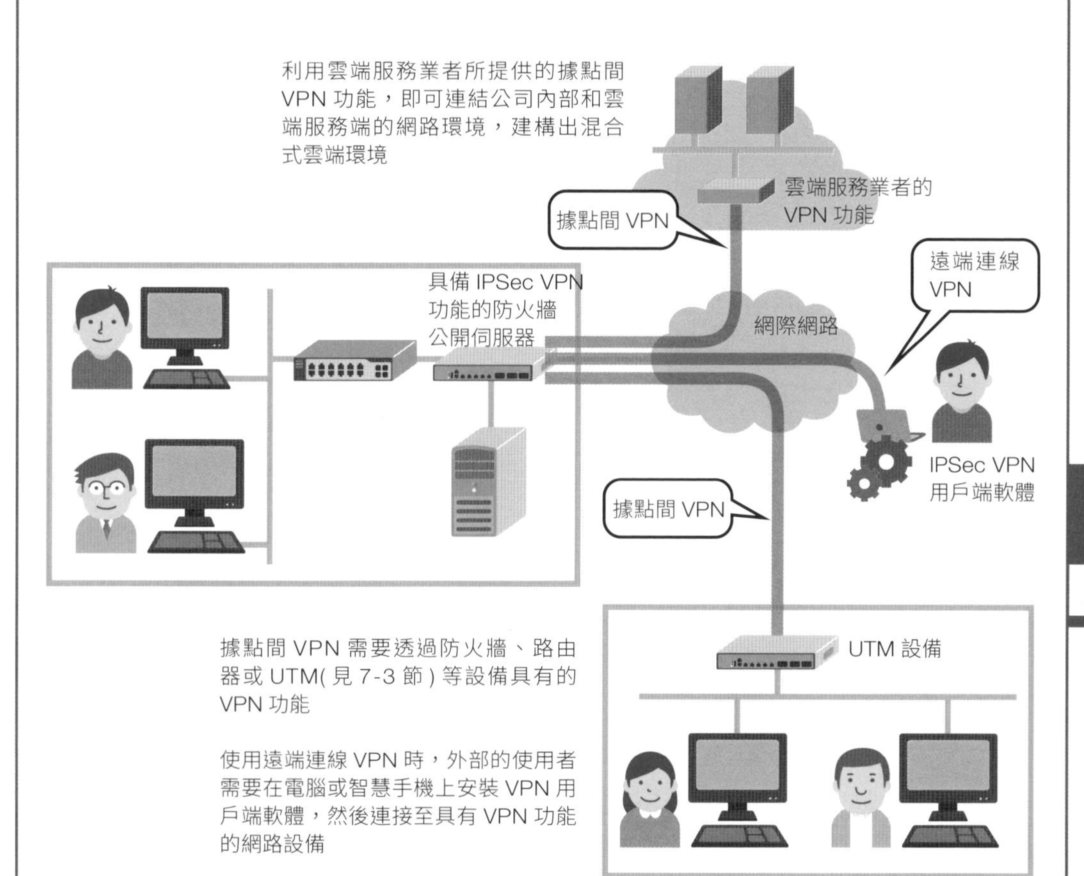

●遠端連線 VPN 有 2 種形式

IPSec VPN

雖然自由度較高，不過設定上較為困難

SSL-VPN

使用上較為簡便，但是自由度較低

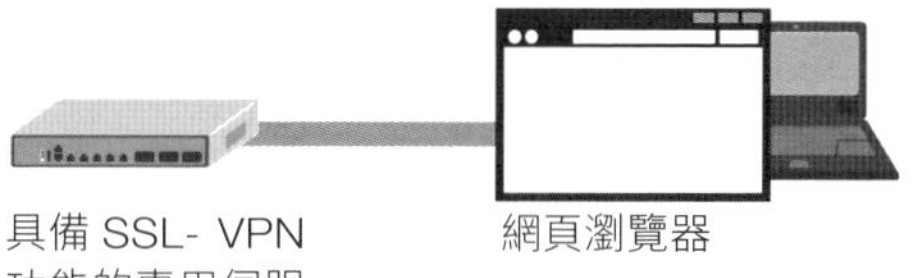

COLUMN

利用 CMS 簡單地建立網站

本章介紹了對外公開運作的伺服器，其中最普遍的應該就是網頁伺服器了。製作 1 個對網際網路公開的網站，這樣的工作是否會讓您覺得有些困難？需要先以 Apache 軟體架設網頁伺服器，然後使用 HTML 語法撰寫網頁的內容，而根據網站的功能需求，也許還需要安裝 MySQL 來建立資料庫伺服器……聽起來就讓人感到頭昏腦脹。

十幾年前或許很麻煩，不過現在其實無需逐一完成架設網站的每個步驟，只要在基礎的伺服器環境上安裝「CMS（Contents Management System, 內容管理系統）軟體」，即可輕鬆建構出個人部落格或是資訊分享等的網站。CMS 這個名稱，意指能管理整個網站、或對頁面內容進行更新的系統。

CMS 軟體安裝完成之後，只要再選擇其預先準備的外掛元件和樣板等項目，即可架設出具有一定程度的網站，大幅縮短提供服務前的準備作業時間。另外，即使沒有 HTML 或資料庫等方面的專業知識，也可以透過簡單的操作方式來更新網站的內容，在維運管理上亦無需花費太多的成本，而且由於其更新方式相當簡單，每個人都能輕鬆接手維運管理的工作。

話說回來，雖然 CMS 是如此便利的軟體，不過還是有必須特別注意的地方，而這裡要請您多加留意的事情便是它的「自由度」。CMS 軟體通常都準備了相當豐富的功能，還能以外掛元件的形式擴充功能，不過它畢竟不是完全量身打造的網站系統，可能會無法達成較為特殊的功能，必須預先確認這和網站的需求是否有所衝突。

像是 WordPress 及 XOOPS Cube 是目前較具代表性的 CMS 軟體。這幾款軟體皆屬於開放原始碼。由於各款 CMS 軟體皆具有較為擅長或不擅長的領域，請事先確認一下，以便選擇功能最為合用的 CMS 軟體。

Chapter

6

預防伺服器發生故障

在長時間的運作中，伺服器遲早會遇到各式各樣的故障狀況，為了在任何時間點、任何部分發生故障的時候都還能繼續提供服務，此章將針對各種故障狀況說明因應的技巧。

01 本章內容概要

性能再如何卓越的電腦，都只是靠著電力來運轉的機器，在長時間的使用下，總有一天某個部分會發生故障，如果是個人使用的桌上型、筆記型電腦，只要送修或購買新的設備即可解決，不過故障的狀況若發生在儲存著大量重要資料的伺服器上，那麼復原的工作就沒有那麼簡單了。為了讓伺服器系統在任何時間、任何部分發生故障都還能持續提供服務，勢必要全方面檢視、預先制定萬全對策。

● 因應故障狀況的技術

因應故障的技術在概念上可分為「**Redundancy 技術**」以及「**備份 (Backup)**」兩種。**Redundancy 常見的中文名稱為「冗餘」，其實稱「冗餘備援」比較貼切，意指「實際上」組合了多個相同的元素、但「表面上」看起來只有單一元素**，像是「Teaming」、「RAID」、「叢集」、「伺服器負載平衡技術」以及「廣域負載平衡技術」等都是這類型的技術。至於「備份」不僅只限於資料的備份，而是**意指某伺服器元素故障時，透過別的方法來替補**，例如「UPS(不斷電系統)」就屬於這類型。

● 故障對策應當規劃到何種程度？

構成伺服器系統的所有元素可以分別採用冗餘或備份之類的技術，您在思考故障對策時，當然能選擇「第 1 個壞掉了有第 2 個、第 2 個壞掉了還有第 3 個、第 3 個壞掉了也還有第 4 個…」的方式，制定非常多重保障的對策，不過如此一來再多的預算也不夠用。

因此，建議一開始可以先採用足以應付第 1 次發生故障的做法，讓所有的元素 (網路卡、硬碟 ...) 均分別由 2 個相同的成員來構成。在這樣的做法下，由於同元素的成員若再度發生故障將導致服務中斷，必須盡快排除第 1 次發生的故障。而有了前述的基本保障之後，接下來可以針對重要且故障率較高的元素，將之提升至能夠應付二次故障甚至三次故障，讓系統可以承受 2 個以上的元素成員損壞，也就是增加元素成員至 3 個以上。

補充 伺服器負載平衡以及廣域負載平衡技術，除了是將用戶端的連線分散至多個伺服器的技術，同時亦屬於冗餘技術。

看圖學觀念！

●力求何時何處發生故障都能應對

管理者必須預先制定對策，萬一伺服器發生故障時也能繼續運作、提供服務。故障對策的技術主要可分為「冗餘備援」以及「備份」。本章後續各章節將一一介紹。

因應故障的技術

類型	技術名稱	概要說明
冗餘備援	Teaming	看起來只有單一網路卡，實際上有多個網路卡做備援
	RAID	看起來只有單一儲存裝置，實際上有多台儲存裝置做備援
	叢集	看起來只有單一伺服器，實際上有多台伺服器做備援
	伺服器負載平衡技術	將連線分配至多台伺服器、分散運算處理的負荷
	廣域負載平衡技術	將連線分配至多處站點、分散運算處理的負荷
備份	UPS	停電時提供電力，或平時阻擋電壓過高的電流

規劃故障對策的時候，基本的保障是多配置一份，作到雙重保障，之後再視預算以及重要性檢討提升至何種程度。

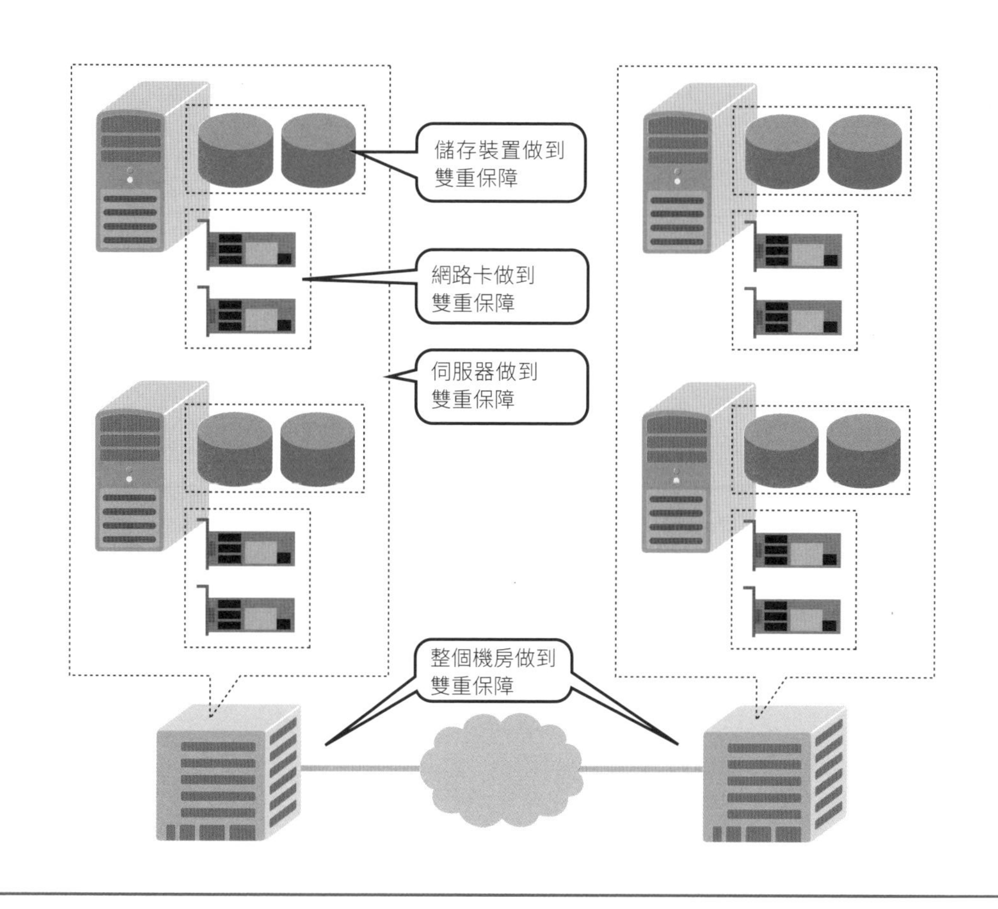

Chapter 6 預防伺服器發生故障

02 RAID

「**RAID(Redundant Array of Independent Disks，冗餘式獨立磁碟陣列)**」是將多台儲存裝置(HDD/SSD)組合成如同單一裝置、藉以達成備援或提高存取效能。儲存裝置很容易在資料讀寫過程中發生老化或損壞的狀況，是相當容易故障的電腦組件，此時可運用稱為「**RAID 控制介面卡**」的設備來建立 RAID。RAID 按照儲存資料的儲存方式分為數種類型，本書將針對伺服器經常採用的「**RAID1**」、「**RAID5**」和「**RAID1+0**」進行說明。

● 伺服器常用的 RAID 類型

RAID1 採用了「鏡像(Mirroring)」技術，會對多台儲存裝置複製存入完全相同的資料內容，也就是說，RAID1 包含了 2 台相同容量儲存裝置，實際上能用來儲存資料的容量僅有 1 台。不過優點是即使其中 1 台發生故障，另外 1 台裝置還保留完全相同的資料，所以可以持續發揮儲存的功能。

RAID5 採用了「分散式奇偶校驗資料(Distributed Parity)」的技術。「奇偶校驗資料(Parity)」是用來修復儲存資料的檢驗資料，RAID5 靠著將儲存資料和奇偶校驗資料分散儲存至多台裝置的做法，實現了可靠性與磁碟容量兼具的優點，因為奇偶校驗資料必須占用 1 台儲存裝置的儲存空間，所以只能寫入「實際安裝磁碟數量 -1」的資料容量(RAID5 至少需要 3 個磁碟裝置)。由於 RAID5 的其中 1 台裝置即使發生故障，還能利用奇偶校驗資料來回復資料，因此可以維持伺服器的正常運作。

最後，RAID1+0 則是在 RAID1 的基礎之上、再增加 RAID0 所使用的「Striping(資料分割)」技術。Striping 會將資料分散寫入多台儲存裝置，提高資料存取的效能，而 RAID1+0 的處理做法相當於 2 個階段的結合，除了透過 Striping 分割儲存資料之外，還加上鏡像來增加冗餘備援的效果。當系統正常時，Striping 可以提升資料存取的速度，而遇到部分磁碟故障的時候，還可透過鏡像所複製的另外 1 份資料維持儲存單元的功能，兼具了提高效能與備援的優點。

看圖學觀念！

●RAID 的機制

RAID 是將多台儲存裝置（HDD/SSD）組合成如同單一裝置的技術。利用 RAID 即可將儲存裝置故障的影響控制在最低限度。
RAID 的組成需要使用 RAID 控制介面卡。

RAID 有好幾種類型，伺服器一般比較常使用 RAID1、RAID5 和 RAID1+0。

RAID1（鏡像技術）

對多台儲存裝置複製存入完全相同的資料內容。
就算其中 1 台儲存裝置發生故障也能維持功能。

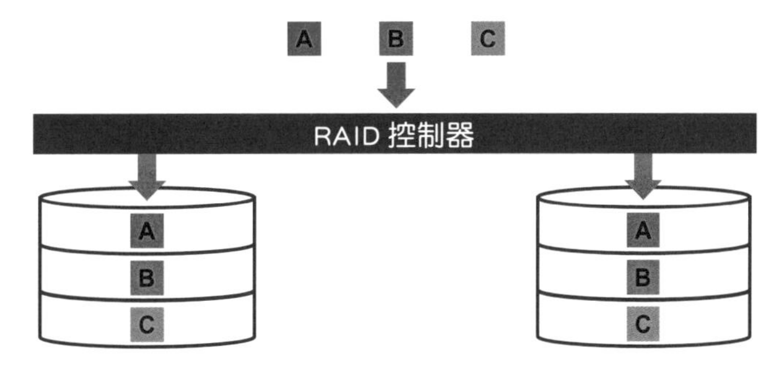

RAID5（分散式奇偶校驗技術）

把用來修復儲存資料的奇偶校驗資料（Parity）分散存放至多台儲存裝置。
兼具可靠性以及可用容量的優點。

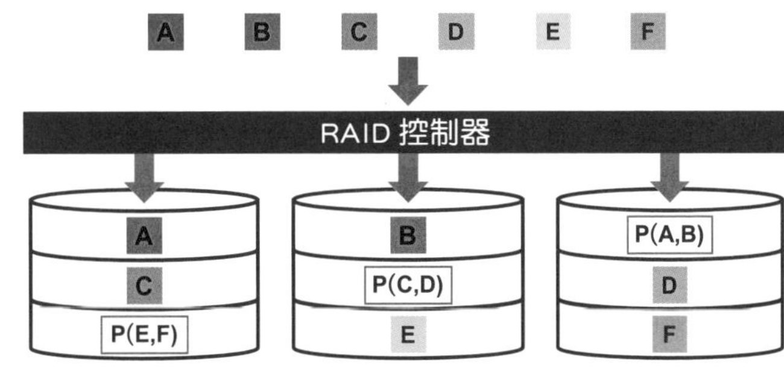

RAID1+0（鏡像 +Striping 技術）

將資料分散儲存至多台儲存裝置，並且對分散的資料加上冗餘備援的處理。
資料分割寫入多台裝置可提升讀取 / 寫入的速度，再加上將相同資料存放於多台裝置，遇到部分裝置故障也不至於影響功能。

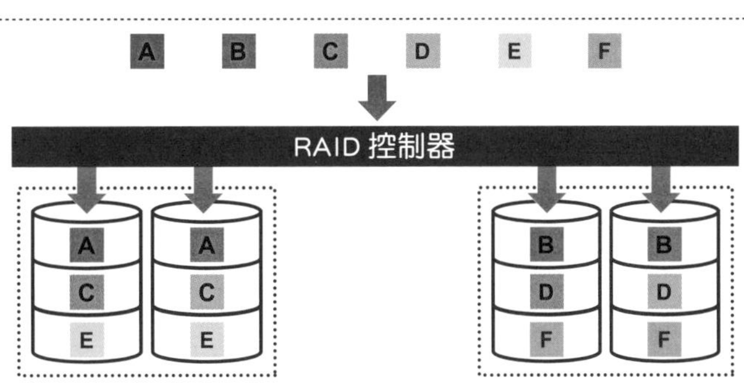

03 Teaming

將多個實體網路卡整合成為邏輯上單一網路卡的技術稱為「**Teaming(如同團隊般協同運作)**」，這樣的技術在 Linux 作業系統上被命名為「**Bonding**」，基本上兩者是相同的概念。為了啟用 Teaming 的功能，伺服器上所安裝的實體網路卡以及驅動程式都必須支援 Teaming 的技術。Teaming 具有好幾種運作模式，最常使用的是「**容錯**」以及「**負載平衡**」這 2 種模式。

● 容錯

容錯(Fault Tolerant)是使用多張實體網路卡達到冗餘備援的效果。假如伺服器上安裝了 2 個實體網路卡，這樣的模式在平時會讓網路卡分別處於**啟動(Active)/待命(Stand By)**的狀態，僅使用啟動狀態的網路卡來進行通訊，之後若是啟動中的網路卡發生故障，那麼便會切換網路卡的啟動狀態，改為使用另外 1 個網路卡來進行通訊。

由於平時僅會使用啟動中的網路卡，所以 2 個網路卡的通訊量會有非常大的差異，另外，當網路通訊到達啟動中網路卡所能處理的上限，那麼就無法負擔更多的通訊量(再怎麼樣也只能發揮 1 個網路卡的通訊能力)，不過進行 troubleshooting 的時候比較容易找到問題點、運用管理上也較為簡便，所以相當受到資訊管理人員的青睞。

● 利用負載平衡來擴充頻寬

負載平衡(Load Balancing)模式除了網路卡的備援外，還具有頻寬擴充的效果。此模式平時會讓網路卡處於**啟動(Active)/啟動(Active)**的狀態，也就是同時使用 2 張實體網路卡來進行網路通訊，如果其中 1 個網路卡發生故障，將單純倚靠另外 1 個網路卡維持通訊的功能。

因為負載平衡模式在平時便會使用到 2 個實體網路卡，所以和容錯模式相較之下，可以完成較多的通訊處理量，不過由於比較難以掌握網路封包到底是透過哪個實體網路卡進行通訊，因此遇到問題時，會比較難找到原因、排除故障。

補充 實作 Teaming 功能時，請盡量將網路卡連接至不同的 Switch，增加 Switch 故障的應對能力，本書的示意圖為了容易理解，所以只有直接連接至同一 Switch。

看圖學觀念！

●Teaming 的運作方式

Teaming 是將多個實體網路卡整合成為邏輯上單一網路卡來運用，靠著這樣的技術，無論哪個實體網路卡發生故障都能繼續進行網路通訊，甚至還能擴充通訊頻寬。

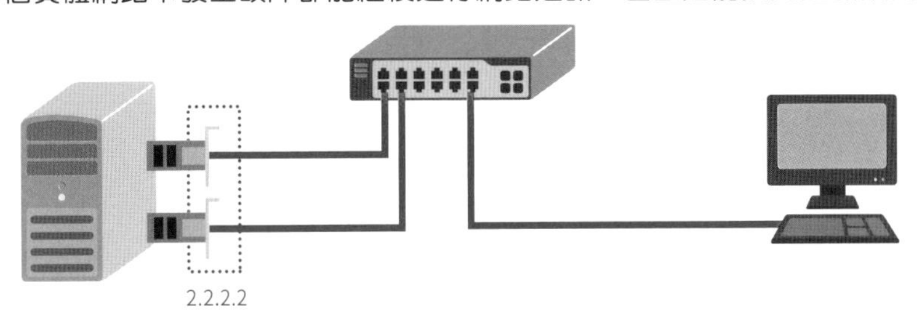

所謂「成為邏輯上單一網路卡來運用」的概念，可以想成是對多個實體網路卡配發同樣的 1 個 IP 位址。

●Teaming 的 2 種形式

容錯

容錯是「對故障具有容忍能力」的意思。
雖然僅能使用 1 個網路卡的通訊頻寬，不過比較容易掌握資料流向。

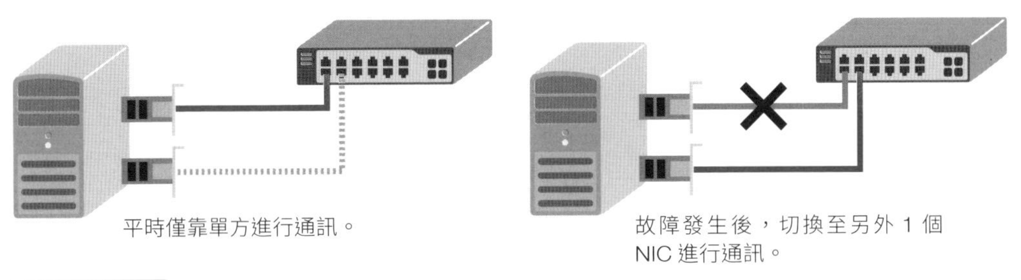

平時僅靠單方進行通訊。

故障發生後，切換至另外 1 個 NIC 進行通訊。

負載平衡

負載平衡是「取得通訊負荷的平衡」的意思。
可用頻寬雖然會增加至所有網路卡的總處理量，不過比較難以掌握資料流向。

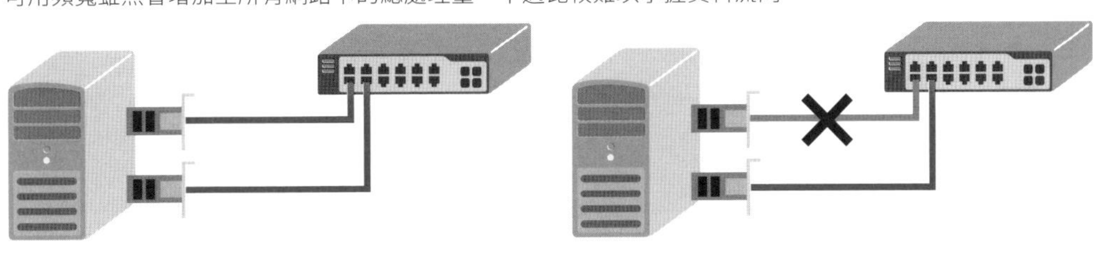

04 UPS

資訊系統發生故障的原因，有相當大的比例是來自於「電源故障」，電源故障最多是停電或少數因雷擊造成的過高電壓等狀況，急劇的電源環境變化可能會讓伺服器無法承受而中斷服務。能在電源不良狀況下保護伺服器的設備便是「**UPS (Uninterruptible Power System, 不斷電系統)**」。UPS 可以在停電時安全地將伺服器關機、或在市電電源與伺服器之間調節電力環境，負責與電源相關的控管任務。

● 適當地執行關機動作

停電時伺服器將失去電力供應，如果沒有適當地進行停機操作，有可能會造成資料損壞，甚至導致硬體設備故障，而 **UPS 就可以在停電時執行關機動作**。

UPS 設備在市電發生停電狀況的時候，將立即切換使用內部設置的電池，繼續對與其連接的伺服器供應電力，而且在此同時，還會對安裝於伺服器中的常駐程式送出「目前處於停電狀態」的通知，常駐程式收到這樣的傳令之後，便會按照一般的程序執行關機處理動作，而 UPS 設備本身在超過預先設定的可供電時間之後，將停止供應電力。另外請留意一下，由於每台伺服器關機程序所需的時間有所不同，所以設置安裝 UPS 設備的時候，需要預先測量伺服器整個關機過程實際耗費的時間，再配合內部電池的電量設定供電停止時間。

● 調節電源環境

當市電突然發生激烈的電壓過低或過高的狀況，這和停電的狀況相同，一樣可能造成資料的損壞或損失、甚至引發實際的硬體故障，而 UPS 即使遇到這樣的狀況，也能維持一定的電壓、盡量減少對於其後方連接伺服器的負面影響。舉例來說，當機房附近發生雷擊的現象，所產生的高壓電流、也就是所謂的雷電突波 (Lightning Surge) 可能沿著電力或電話線路進入機房，而**透過 UPS 設備的雷電突波保護功能，即可將其阻擋、保護重要的伺服器**。

補充 應當從「所連接設備的總需求電力」、「對所連接設備的供電方式」和「確保關機所需時間」等 3 個面向來選擇合適的 UPS 設備。

看圖學觀念！

●UPS 的功用

對於非預期的停電或雷擊造成的過高電壓等各種電源故障狀況，可以利用 UPS 設備來保護伺服器。

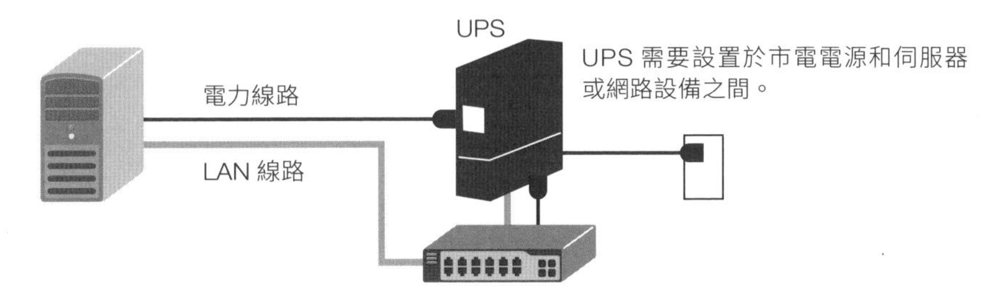

●停電時自動關閉伺服器

即使發生停電狀況也能繼續對伺服器供電，然後估算關機完成所需的時間、逐一停止每部機器設備的供電。

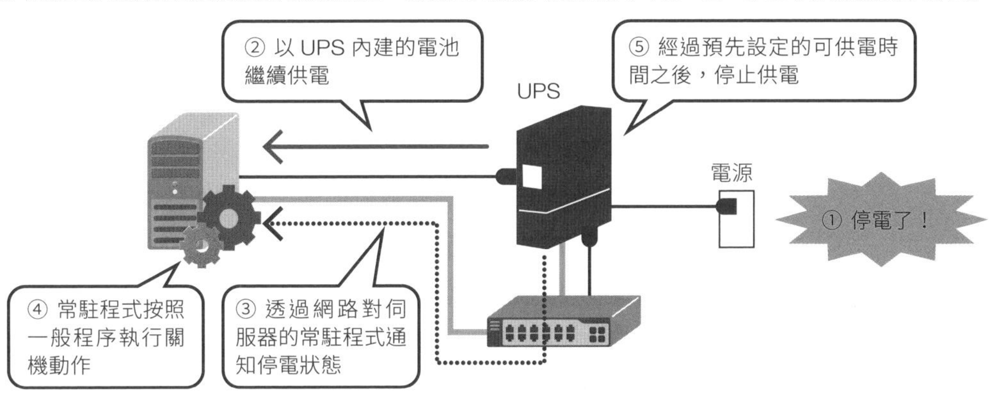

●減少電壓劇烈變化的影響

例如遇到附近發生雷擊的狀況，雷電突波保護功能即可守護伺服器。

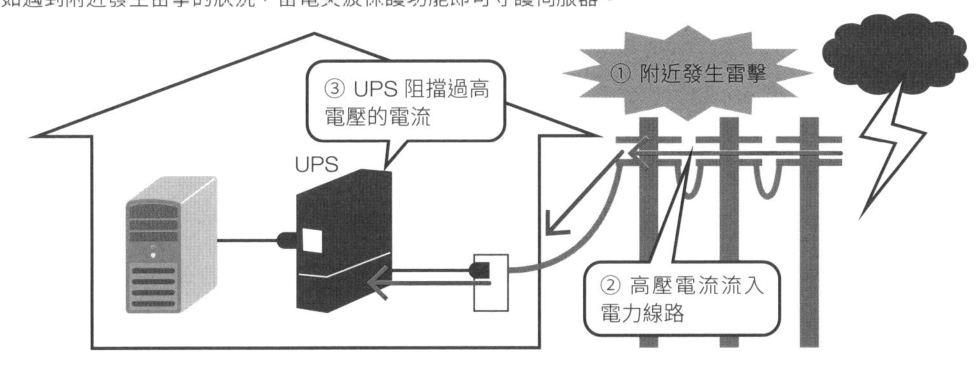

Chapter 6 預防伺服器發生故障

05 建立叢集

將多台伺服器連接上網路、並且讓它們對外看起來有如單一伺服器的技術便稱為「**叢集(Cluster)**」，這些伺服器組成叢集之後，即使其中 1 台發生故障的狀況，其他伺服器也能持續承擔資訊處理的任務，確保服務繼續運作。

建構伺服器的叢集需要使用**叢集建構軟體(Clustering Software)**，市面上較著名的包括 Windows Server 作業系統內建的 MSCS(微軟叢集服務)、NEC 公司的 CLUSTERPRO、在 Linux 上則有開放原始碼的 heartbeat。

叢集的架構按照儲存單元的設置方式，大致上可以分為「**儲存共享架構**」以及「**資料鏡像架構**」。在**儲存共享架構**中，需要準備多台伺服器皆能進行存取的共用儲存單元，利用這樣的方式在故障發生的時候確保資料的一致性，雖然必須另外準備共用的儲存單元，不過由於其擴充性較佳，所以大規模的系統經常採用此種架構。

而**資料鏡像架構**則會透過網路、互相傳送各台伺服器中本機磁碟所儲存資料的副本，確保故障時能維持資料的一致性，雖然不適合需要處理大量資料的伺服器，不過由於無須另外設置共用儲存單元，其建構所需的費用較為低廉，所以小規模的系統會傾向採用此種架構(這樣互相傳送資料副本的方式也稱為複寫(Replication)。

● 透過心跳線路互相監視運作狀況

在叢集的架構之中，來自於用戶端的網路通訊是由名為「**虛擬 IP 位址**」的邏輯 IP 位址所接收，而**叢集便是透過將此虛擬 IP 位址切換分配給啟動狀態伺服器的方式，確保所提供服務的冗餘備援效果**。

接下來將以叢集最為基本的架構，也就是 1 台啟動狀態(Active)伺服器以及 1 台待命狀態(Stand By)伺服器的架構來說明。在平時正常狀況下，叢集建構軟體將持續監控伺服器本身的硬體以及作業系統等各式各樣的狀況，而且還會透過稱為「**心跳網路(Heartbeat Network)**」的專用網路來監視其他伺服器的狀況，當得知啟動狀態伺服器發生故障，便會把虛擬 IP 位址交棒給待命狀態伺服器，承接的待命狀態伺服器在此時轉為啟動狀態，繼續負責處理來自於用戶端的網路通訊。

看圖學觀念！

●組成叢集之後，就算其中 1 台伺服器故障也能繼續提供服務

叢集是將多台伺服器連接上網路、並且讓它們看起來有如單一伺服器的技術，即使其中 1 台伺服器發生故障，負責接收用戶端連線的 IP 位址（虛擬 IP 位址）將改為分配至其他伺服器，繼續提供服務。

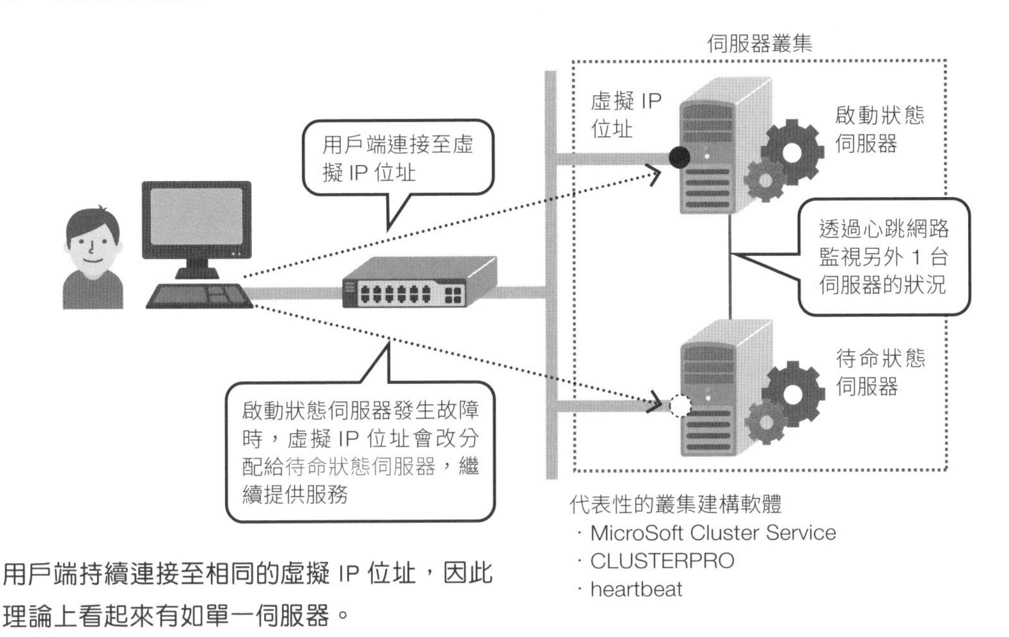

代表性的叢集建構軟體
- MicroSoft Cluster Service
- CLUSTERPRO
- heartbeat

用戶端持續連接至相同的虛擬 IP 位址，因此理論上看起來有如單一伺服器。

●叢集的儲存單元配置有 2 種類型

儲存共享架構

準備多台伺服器共用的儲存單元，藉以確保資料的一致性。
擴充性較佳，適合大規模的系統。

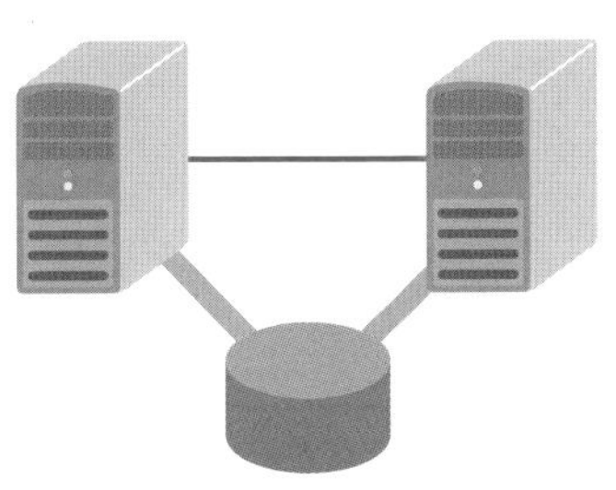

共用儲存單元

資料鏡像架構

將儲存裝置相互複寫（Replication）成完全相同的內容，確保資料的一致性。
建構費用較為低廉，適合小規模的系統。

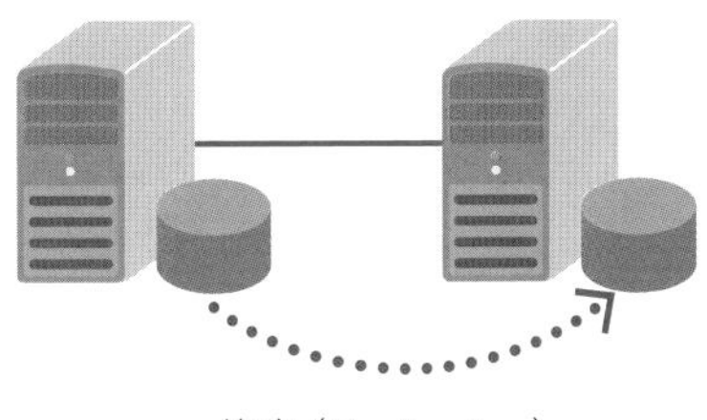

複寫（Replication）

06 伺服器負載平衡技術

將連線通訊分配給多台伺服器、藉以分散處理負擔的技術稱為「**伺服器負載平衡(Server Load Balancing)技術**」。此技術除了提升系統整體的處理能力、增加對於故障狀況的耐受能力，還具有其他各式各樣的優點。伺服器負載平衡技術按照通訊分配的方式，可以分為「**DNS 輪替式**」、「**伺服器協調式**」以及「**專用伺服器分配式**」等 3 種類型。

● 3 種技術的特點

DNS 輪替式(DNS Round-robin)是利用 DNS 服務的特性來達成負載平衡。此方式需要先在 DNS 伺服器上對 1 個網域名稱登錄多個對應的 IP 位址(服務伺服器的 IP 位址)，當多個用戶端查詢該網域名稱時，DNS 伺服器便會依序回覆這些 IP 位址，由於每次回覆的 IP 位址皆有所不同，所以各用戶將連接至不同的服務伺服器，達成連線分散的效果。雖然導入 DNS 輪替式的費用較為低廉，不過此方式可能會把連線分配至故障中的伺服器、也比較難控制各伺服器的分配比例，各面向的問題較多。

伺服器協調式(Server Type)是利用服務伺服器上所安裝的軟體來達成負載平衡。例如 Windows Server 就內建提供名為「NLB(Network Load Balancing，網路負載平衡)」的軟體，而 Linux 亦可免費安裝名為「LVS(Linux Virtual Server)」的軟體，由於這些軟體都只有涵蓋前面所說叢集的部分功能，所以無法做到複雜且具有彈性的負載平衡效果，不過此方式的導入費用較為低廉。

專用伺服器分配式(Appliance Server Type)是利用稱為「伺服器負載平衡裝置(Server Load Balancer)」的專用伺服器來實現負載平衡的方式。目前市面上可以找到美國網路設備公司 F5 Networks 的 BIG-IP 系列、或 CITRIX 公司的 NetScaler 系列之類的負載平衡裝置，由於必須另外準備專用的機器，因此需要投入較高的費用。不過正因為是使用專用的機器來分散負載，所以可以做到比較彈性的通訊分配方式，另外，由於負載平衡裝置在用戶端和服務伺服器之間擔任轉接的角色，所以還有提升網路通訊的效率、或先將加密的連線解密之後再傳送給伺服器等附加功能。

看圖學觀念！

●伺服器負載平衡技術的 3 種類型

伺服器負載平衡技術是將通訊分配給多台伺服器、藉以分散處理負擔的技術，能夠提升系統整體的處理能力、增加對於故障狀況的耐受能力。

DNS 輪替式　利用 DNS 伺服器分散連線的方式。

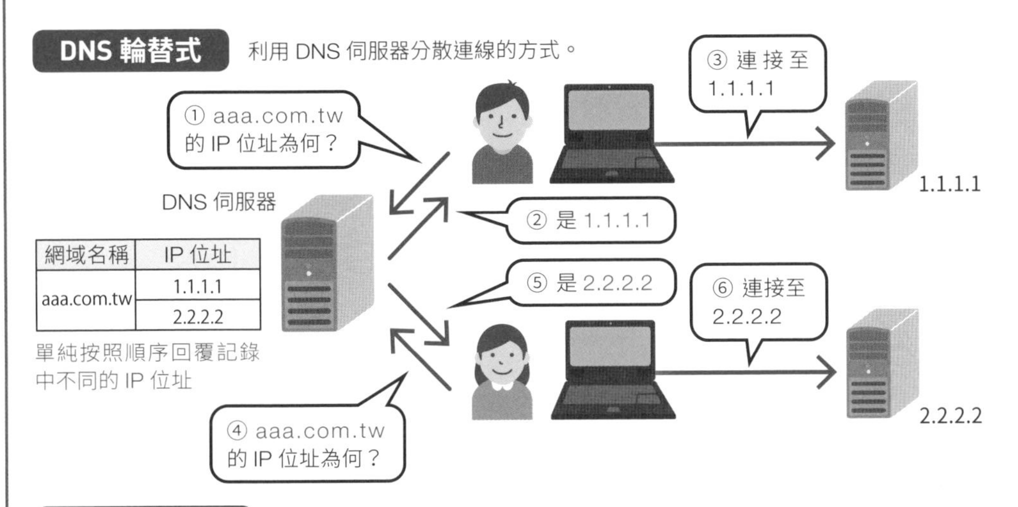

伺服器協調式　利用服務伺服器所安裝軟體進行分配的方式。

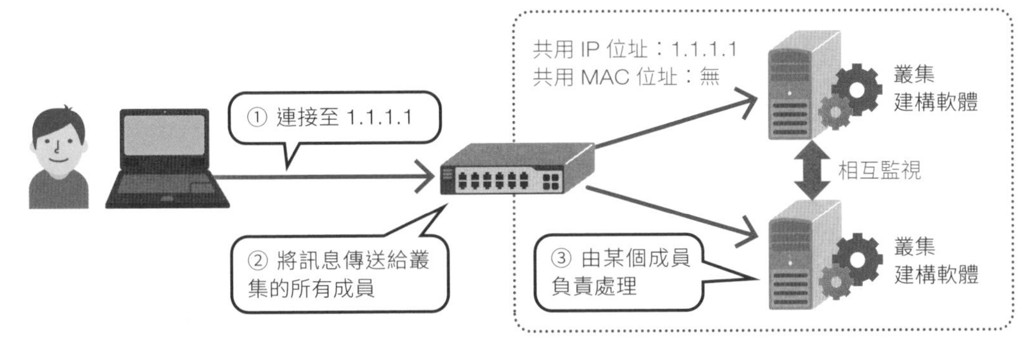

專用設備分配式　利用稱為「網路負載平衡裝置」的專用設備進行分配。

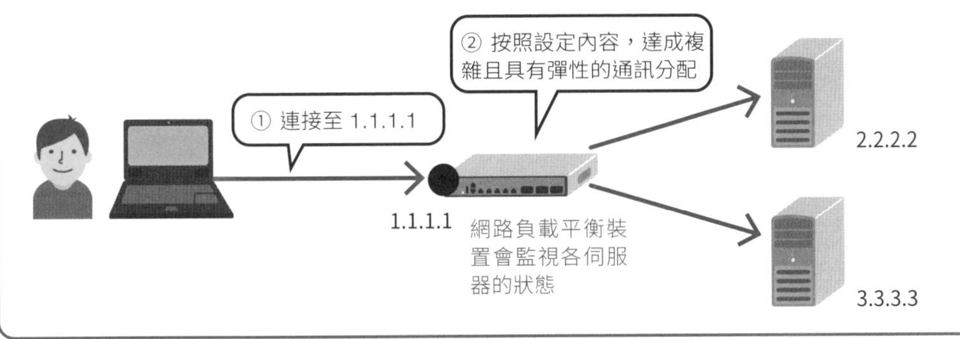

07 廣域負載平衡技術

在不同地理位置的多個站點(Site)分別設置多台伺服器，然後將連線通訊分配給這些伺服器，透過這樣的方式來分散負載的技術就稱為「**廣域負載平衡技術(Global Server Load Balancing)**」。以上一節伺服器負載平衡技術的 DNS 輪替式來說，如果登錄不同地理位置的多台伺服器 IP 位址，就能達成將連線通訊分配給各站點伺服器的效果，不過 DNS 輪替式的機制本身無法偵測各伺服器是否發生故障狀況，而且分散通訊的效果也不夠均衡，從負載平衡技術的觀點來看，其實還具有相當多的缺點，為了解決這樣的問題，於是產生了更進一步的廣域負載平衡技術。

導入廣域負載平衡技術時，需要在原本的負載平衡裝置上增加廣域負載平衡用的模組、或是另外準備稱為「廣域負載平衡裝置」的專用伺服器設備。如果採用增加安裝模組的方式，F5 Networks 公司的 BIG-IP DNS 模組相當知名，而若是考慮直接改用專用伺服器的話，CITRIX 公司的 NetScaler MPX 亦有一定的口碑，另外，AWS 的 Route 53 以及 Azure 的 Windows Azure Traffic Manager 等產品，亦能在雲端形式的服務平台上提供廣域負載平衡的服務。

在廣域負載平衡技術的架構之下，用來執行廣域負載平衡的裝置將成為 DNS 伺服器，負責應答網域名稱所對應的 IP 位址，而且**廣域負載平衡裝置需要持續監視各處站點的狀態(包含服務的運作狀況和網路的使用率等)，然後配合監視所得的資訊適當地回覆不同的 IP 位址，透過這樣的方式實現負載平衡的效果**。

廣域負載平衡技術除了達成負載平衡的目的之外，也經常被當作因應災害的手段之一，也就是萬一某處站點發生災難的時候，還能轉至其他站點的伺服器繼續提供服務。右圖將以設有東京以及沖繩站點的網站伺服器為例，利用其運作方式來進行說明，在一般正常狀況下，2 處站點的廣域負載平衡裝置需要同步它們的設定、並且相互交換資訊，在接到域名查詢的時候回覆東京站點的 IP 位置，而當東京站點發生災害等狀況導致停機的時候，檢測到此狀況的沖繩站點將會改成回覆沖繩站點伺服器的 IP 位置，如此一來，用戶端便會被導向至沖繩站點的伺服器，利用這樣的方式在某處站點發生災害時繼續提供服務。

看圖學觀念！

●在不同地點設置伺服器以便持續提供服務

各處站點配置的廣域負載平衡裝置將成為 DNS 伺服器，對用戶端回覆目前可使用伺服器的 IP 位址。

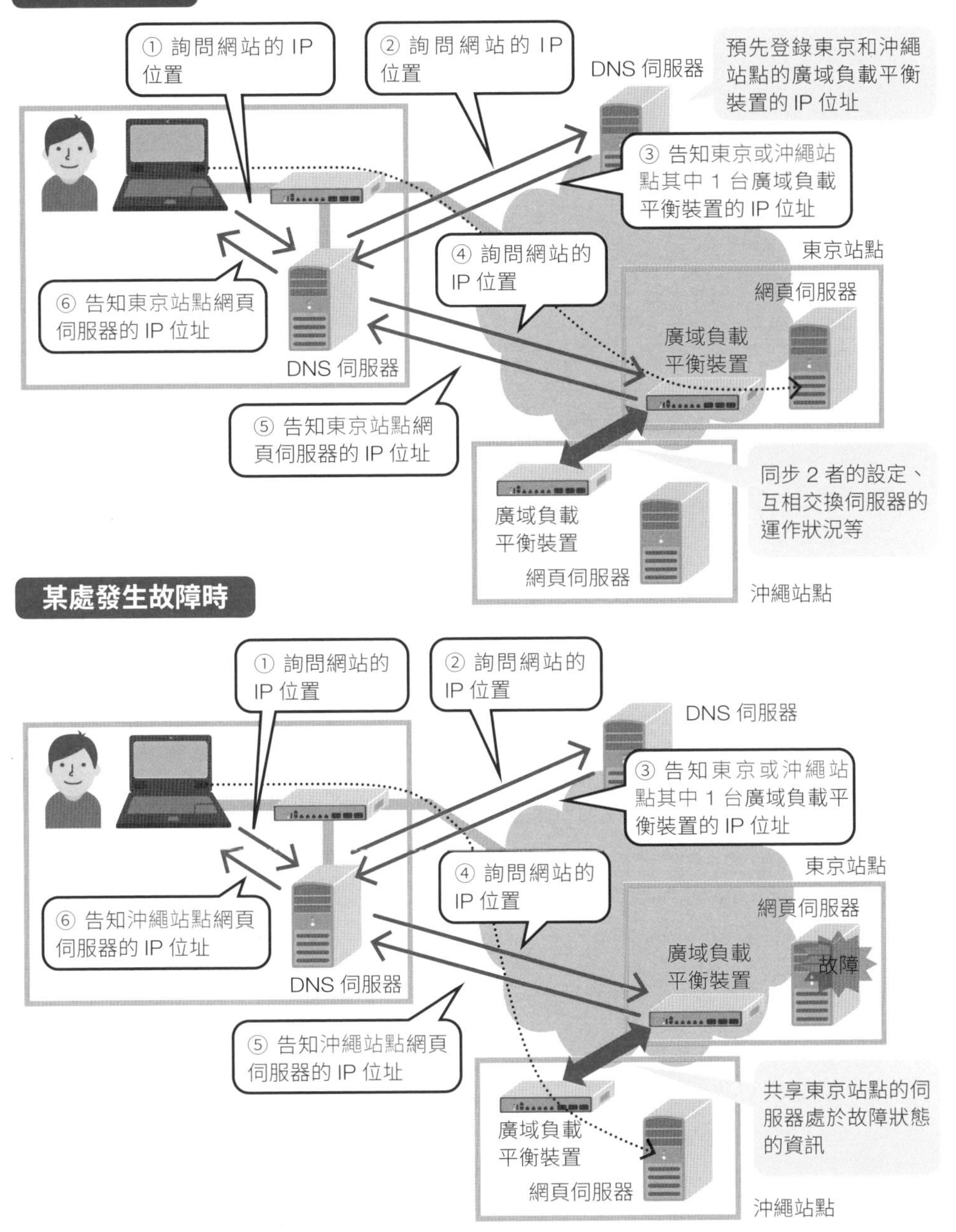

COLUMN

遇計畫性停電需注意復電程序

設置在公司內空間的內部部署（On-Premises）型伺服器，絕對無法完全避免「計畫性停電」這件事。資訊系統的管理者必須掌握所在建築物的電力工程、或是全公司全棟大樓的維修日期等資訊，並且針對這些狀況造成的計畫性停電制定因應對策。

也許您會認為「又不是突然停電，既然會在公告的時間停電，預先把電源關掉就好了吧」(←年輕時的筆者便是如此…)，但是請勿輕視這樣的停電，雖然實際經歷之後可能才會有深切的體認，不過還是要在此提醒您「計畫性停電似乎是小事，卻又至關重大」。

首先是停電前的應對程序。遇到停電的時候，如果有 UPS 設備，那麼將關機的任務交給 UPS 設備即可，這和突然停電時的處理方式相同，假如沒有 UPS 設備，請自行執行手動關機的處理程序，此時請特別注意各機器設備的關機順序，若弄錯了先後順序，有可能導致復電之後無法正常啟動伺服器，一般來說，請按照「伺服器」→「儲存裝置」→「網路相關設備」的順序進行關機，而完成這些動作之後，請再次確認所有的機器設備均處於關機狀態，等待停電的到來。

接下來是復電後的處理程序。遇到計畫性停電的時候，復電後的操作其實比停電前的準備還重要，和前面的處理方式相同，如果有設置 UPS 設備，將啟動的任務交給 UPS 即可，沒有 UPS 設備就需要手動執行開機的處理程序，而且復電後的開機順序也十分重要，弄錯順序一樣可能無法正常啟動伺服器，復電後請反過來按照「網路相關設備」→「儲存裝置」→「伺服器」的順序開機。

以平常持續運作的基礎伺服器來說，很少會在關閉電源之後突然無法順利開機，不過為了保險起見，請事先與維護廠商簽訂維護合約、或是取得相關的維修零件備用，像這樣做好事前的準備工作也比較安心。而確認所有機器設備已經完成啟動之後，最後請檢查一下所有服務皆正常運作、沒有任何問題，完成整個計畫性停電的應對程序。

Chapter

7

伺服器的資安防護

網際網路的世界充斥著電腦病毒、不正當的連線、竄改以及攔截竊取資料等各式各樣的威脅，面對種種的威脅，本章將為您解說維護伺服器安全所需的設備及其具備的功能。

01 網路潛藏的威脅與漏洞

系統安全的風險來自於「**威脅**」與「**漏洞**」這 2 項之間的交互作用。

● 威脅與脆弱性的關係

威脅指的是可能對系統造成損害的事故。在網際網路上全世界使用者都是公開地交換資訊，其中也充斥著電腦病毒、不正當的連線入侵、DoS(Denial of Service, 阻斷服務) 形式的攻擊、或攔截竊取資料等各式各樣的威脅。

而漏洞則意指系統存在的弱點，也就是有缺陷的地方。例如程式軟體的 Bug 和安全上的漏洞，或者是不夠完備的病毒防護手法等，資訊系統總會在某個地方帶有某項弱點，這是難以完全避免的事情。

有些系統漏洞不會立即引發問題，不過**當系統漏洞剛好遇到前述的威脅時，就有可能立即成為風險，導致損害發生**。舉個容易理解的例子，沒有安裝用來防範病毒的防毒軟體就是個漏洞，此疏漏或許不會立即造成什麼問題，但只要遇到電腦病毒這項威脅時，就會成為系統的安全風險。

● 以 PDCA 提升安全對策

只要是離不開網際網路的通訊連線，就必須不斷面對伴隨而來的威脅，為了能夠對抗來自網際網路的威脅，需要定期安裝安全修補程式 (Security Patch)、或利用網路安全相關的產品來進行防禦等，採取適宜的應對策略。

擬定對策的時候，其實不必在短時間之內考慮所有安全風險的應對方式，可以先容許某種程度的風險狀況，挑出一些影響程度較大的事項，然後針對這些事項制定安全策略。另外，採取安全對策並非只需執行 1 次即可完成的工作，這項工作有如和惡意人士之間永無止盡的循環競賽，**建議定期進行規劃 (Plan)→執行 (Do)→查核 (Check)→修正 (Action) 的 PDCA 循環，以漸進的方式逐步提升網路安全的等級**。

補充 分析安全風險的影響程度時，可以對每個系統從「資產價值」、「威脅項目」、「漏洞」和「安全需求」等方面進行評估、彙整。

看圖學觀念！

● 公開的伺服器必須對抗網路上的威脅

網際網路是世界上所有使用者皆可運用的公眾網絡，也存在著藉此作惡的人士。

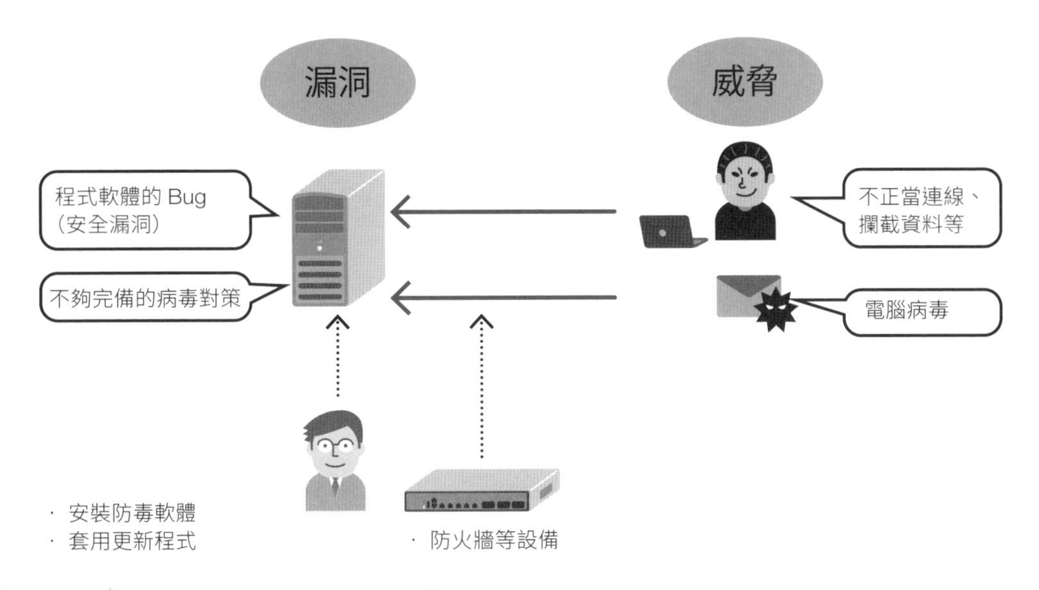

系統管理者必須對抗各式各樣的威脅。
但是很難 1 次對抗所有的威脅，可以先容許某種程度的風險，從影響程度較大的事項開始制定對策。

● 定期執行 PDCA 循環

安全風險每天都在不斷變化。
因此，相關措施並非只需執行 1 次即可完成的工作，建議定期執行 PDCA 循環進行改善。

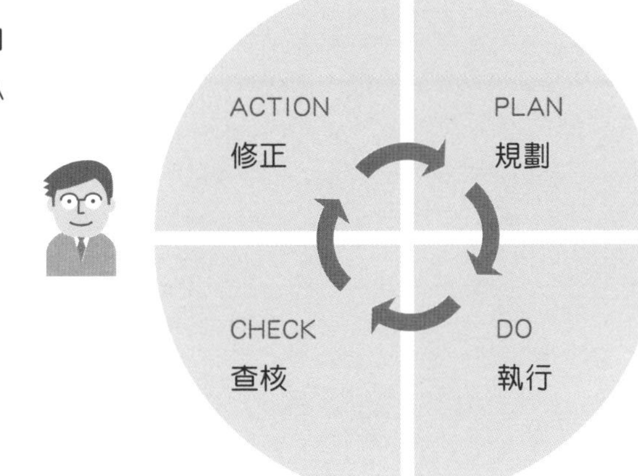

02 以防火牆守護伺服器

將伺服器在網際網路上對外公開的時候，最需要考慮的事情便是安全上的問題，前一節也提及，網際網路是龍蛇雜處的危險世界，為了保護伺服器，通常會在內部網路出入口配置「**防火牆 (Firewall)**」設備，**防火牆能針對 IP 位址或通訊埠編號等資訊，允許或拒絕連線通訊**。

● 制定安全策略

允許什麼樣的通訊、或拒絕什麼樣的通訊，這便是**安全策略 (Security Policy)** 的內容。制定安全策略的時候，需要將通訊連線分成 2 個部份來考慮，其一是從外部網際網路連向公開伺服器的通訊 (Inbound, 對內通訊)，另外則是由區域網路連向網際網路的通訊 (Outbound, 對外通訊)。

對內通訊基本上應當全部先設為拒絕，然後僅允許最低限度的連線通訊，舉例來說，如果只想公開 Web 網頁的服務，那麼允許 FTP 服務便沒有什麼意義，此時允許 HTTP 和 HTTPS 的通訊即可。相對於對內的通訊，**對外通訊基本上可以先全部允許，然後僅以最低程度的限制來拒絕連線通訊**，雖然也可以先全部設為拒絕來提高安全性，不過過度控管對外的連線通訊，很容易引發內部使用者的不滿，由於這樣的設定會直接影響到使用者的需求，基本上先全部設為許可是比較合適的做法。

● 選擇防火牆的類型

決定安全策略之後，再來需要選定能執行策略的機器設備，除了按照 IP 位址和通訊埠編號來進行通訊控管的防火牆之外，還有整合了其他安全功能的「**UTM (Unified Threat Management, 整合式威脅管理設備)**」、可以在應用程式層級控管通訊的「**次世代防火牆 (Next-Generation Firewall, NGFW)**」以及「**網頁應用程式防火牆 (Web Application Firewall, WAF)**」等增加各式各樣功能的新式防火牆問世，您可以選擇完全符合所制定安全策略的機器設備。

補充 防火牆的安全功能被稱為「狀態檢視 (Stateful Inspection)」，防火牆執行狀態檢視的時候，會審視對外以及對內的連線通訊、動態進行過濾的工作。

看圖學觀念！

●防火牆的作用

對網際網路公開的伺服器需要防火牆設備來守護。防火牆能根據 IP 位址或通訊埠編號，放行或阻止連線通訊。

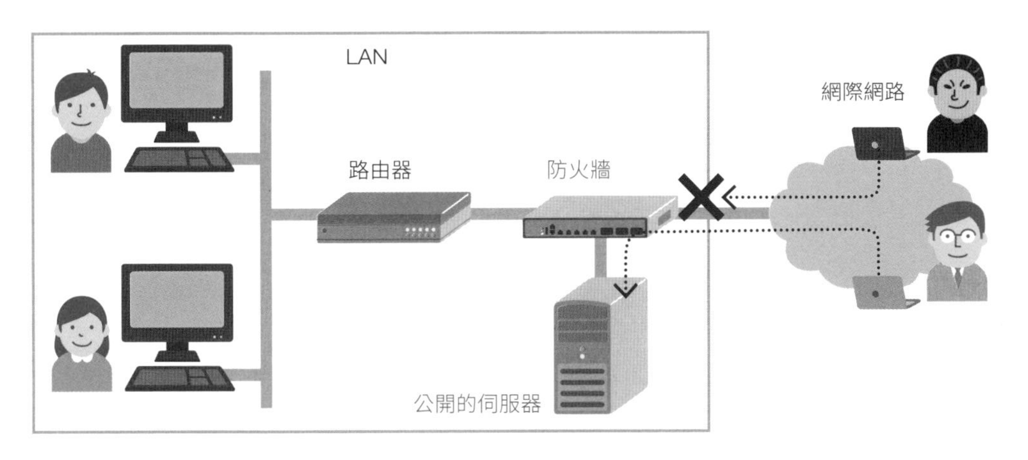

●設置防火牆的步驟

1 制定安全策略

預先決定允許什麼樣的通訊、拒絕什麼樣的通訊，而且需要分別考慮從網際網路連向公開伺服器（外部至內部）、以及由 LAN 連向網際網路（內部至外部）的通訊。

網際網路至公開伺服器	
通訊類型	是否允許
HTTP	允許
HTTPS	允許
其他	拒絕

LAN 至網際網路	
通訊類型	是否允許
所有通訊	允許

※ 以通訊協定進行判斷的例子之一

2 選擇防火牆的類型

選擇能實際執行所有安全策略內容的防火牆設備，防火牆類型的相關內容將在下個單元之後再行解說。

03 防火牆的選擇

防火牆設備大致上可分為 4 種類型,也就是僅按照 IP 位址和通訊埠編號進行通訊控管的基本「**防火牆(傳統式防火牆)**」、整合了其他安全功能的「**UTM(Unified Threat Management, 整合式威脅管理設備)**」、能在應用程式層級進行通訊控管的「**次世代防火牆(Next-Generation Firewall, NGFW)**」以及「**網頁應用程式防火牆(Web Application Firewall, WAF)**」等 4 類,這個單元將為您說明什麼場合應當挑選什麼樣的防火牆設備。

● 按照需求選用不同的防火牆

如果最低限度的安全等級即能滿足需求,那麼傳統式防火牆是不錯的選擇。這樣的防火牆只能根據 IP 位址以及通訊埠編號進行通訊控管,所以只能應付比較單純的網路攻擊方式,不過價格上較為低廉、引進設備的過程也較為簡單。

若想減輕安全管理工作上的負擔,可以選擇 UTM 的設備。資訊安全相關的防病毒、防垃圾郵件、VPN 虛擬私人網路以及 IPS/IDS 等功能原本需要不同的機器設備來執行,而 UTM 將這些功能整合在 1 台設備之內,減少需要操作的設備數量,管理工作變得比較輕鬆。

對於經由網際網路和使用者間的通訊內容,假如想在應用程式的層級進行更為細緻的控管工作,那麼便需要次世代防火牆(NGFW)的協助,次世代防火牆是在 UTM 的常見功能之上、再增加「應用程式識別」和「視覺化」等新功能的設備。除了 IP 位址和通訊埠編號之外,次世代防火牆還能觀察連線通訊的行為舉止、辨識其來源的應用程式,然後針對這些狀況設定規則,而且這樣的設備能進一步將通訊流量轉化成統計圖形或表格,讓資訊易於辨讀。

最後,如果想在應用程式的層級、保護公開於網際網路的網頁伺服器,此時需要選擇網頁應用程式防火牆(WAF),這樣的設備能偵測到針對網頁應用程式弱點而來的攻擊、並且予以阻擋隔絕。當網路攻擊進化到能在應用程式層級發動攻勢之後,變得更加複雜且巧妙,而 WAF 介於網頁瀏覽器和網頁伺服器之間,將監視所有交換的通訊內容,在應用程式的層級執行相關控管工作。

看圖學觀念！

●防火牆的類型

4 種主要類型的防火牆。

類型	功能說明	適用場合
防火牆（傳統式）	根據 IP 位址以及通訊埠編號進行通訊控管	只需防範基本網路攻擊
UTM	整合加入傳統防火牆以外的安全功能	想減輕安全管理工作上的負擔
次世代防火牆	在應用程式的層級控管 LAN 至網際網路的通訊	需要控管公司人員可使用的網頁應用程式時
網頁應用程式防火牆	在應用程式的層級控管連線至公開網頁伺服器的通訊	想要加強對外的網頁伺服器的安全性

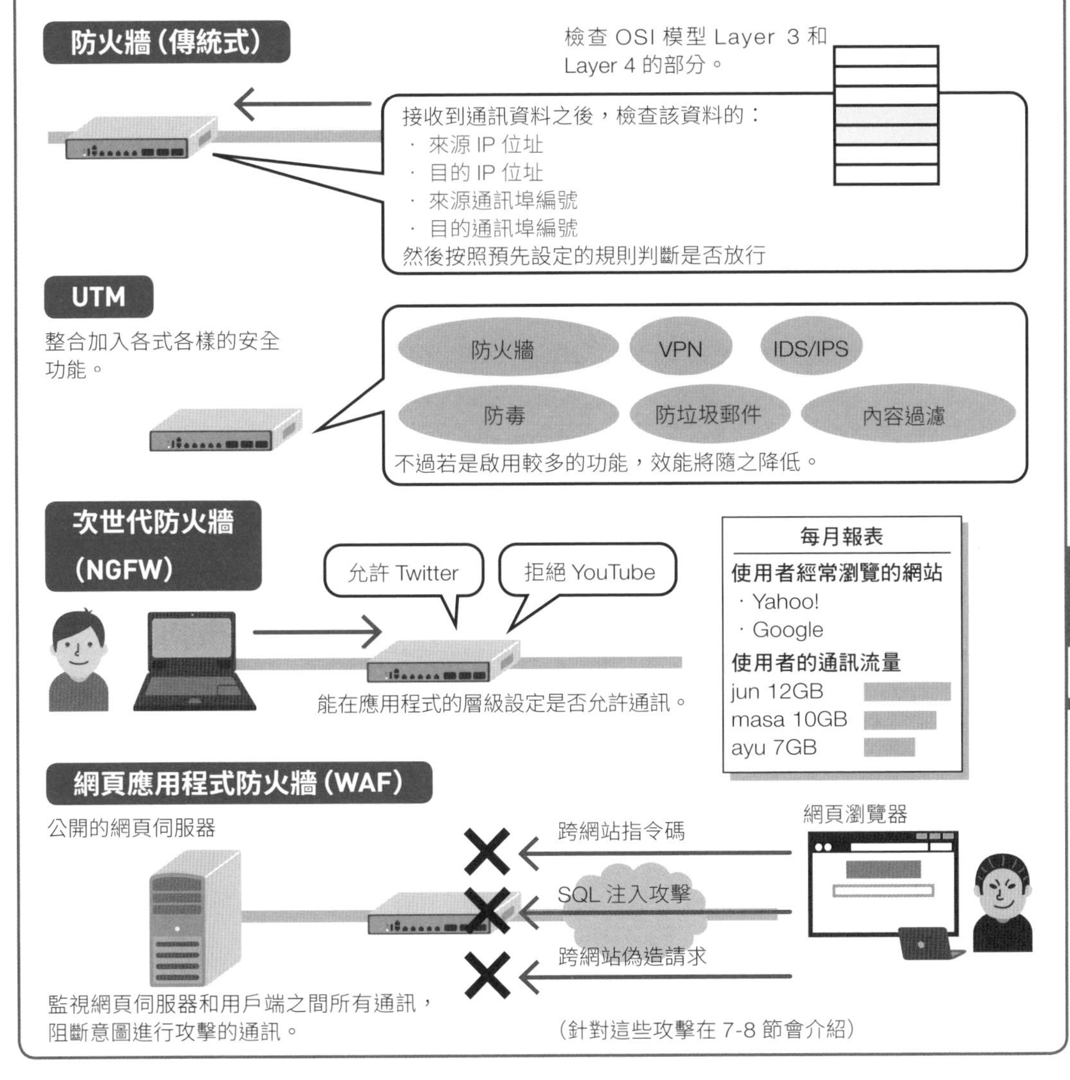

04 安全分區與伺服器的配置區域

若根據安全程度將網路環境劃分為不同區域，那麼具有相同安全等級的區域即稱為「**安全分區 (Security Zone)**」，一般的網路環境會以防火牆為中心，然後連接「**非信任區 (Untrust Zone)**」、「**DMZ(De-Militarized Zone, 非軍事區)**」、「**信任區 (Trust Zone)**」以及「**廣域網路區 (WAN Zone)**」等 4 個安全分區來形成整個架構。

● 4 個區域的特點

非信任區位於防火牆的外側，對於自身的系統來說是無法信任的區域，其安全等級最低，各式各樣的伺服器皆不適合配置於此。如果是連接網際網路的網路環境，那麼外部的網際網路即相當於非信任區，而防火牆設備需要準備應付來自於非信任區的威脅。附帶一提，雲端服務上運作的伺服器乍看之下似乎位於非信任區，不過雲端服務內部可視為信任區，應當設定為較高的安全等級。

DMZ 是在非信任區和信任區之間、擔任緩衝空間角色的區域，其安全等級比非信任區高、但是比信任區低，剛好位於 2 個區域的中間地帶。在 DMZ 的分區可以配置網頁伺服器、DNS 伺服器、以及代理伺服器等需要直接和非信任區進行連線通訊的公開伺服器。由於對外公開的伺服器需要接收來自於不特定多數用戶端的連線，因此在安全層面上可說是最為危險的伺服器，為了能夠抵擋從網際網路而來的資訊攻擊，應當將來自於其他分區的連線通訊控制在最低限度。

信任區是配置於防火牆內側、自身系統可以信賴的區域，簡而言之，可以把它想成是 LAN 區域網路的同義詞，其安全等級最高、也是必須拼盡全力守護的區域。信任區的部分會配置網域控制站或檔案伺服器等不對外公開的公司內部伺服器、以及公司內部使用者的資訊設備，而在連線通訊管制上，信任區基本上會拒絕來自於其他分區的連線通訊、但是允許連至其他分區，另外，信任區還包含了**連接至公司其他據點的廣域網路區**，這樣的廣域網路區應當和信任區設定為相同的安全等級。

看圖學觀念！

●以防火牆為中心的 4 個區域

一般的網路環境以防火牆為中心可劃分為 4 個分區，對外公開的伺服器應當配置於 DMZ，而非公開的伺服器則配置於信任區。

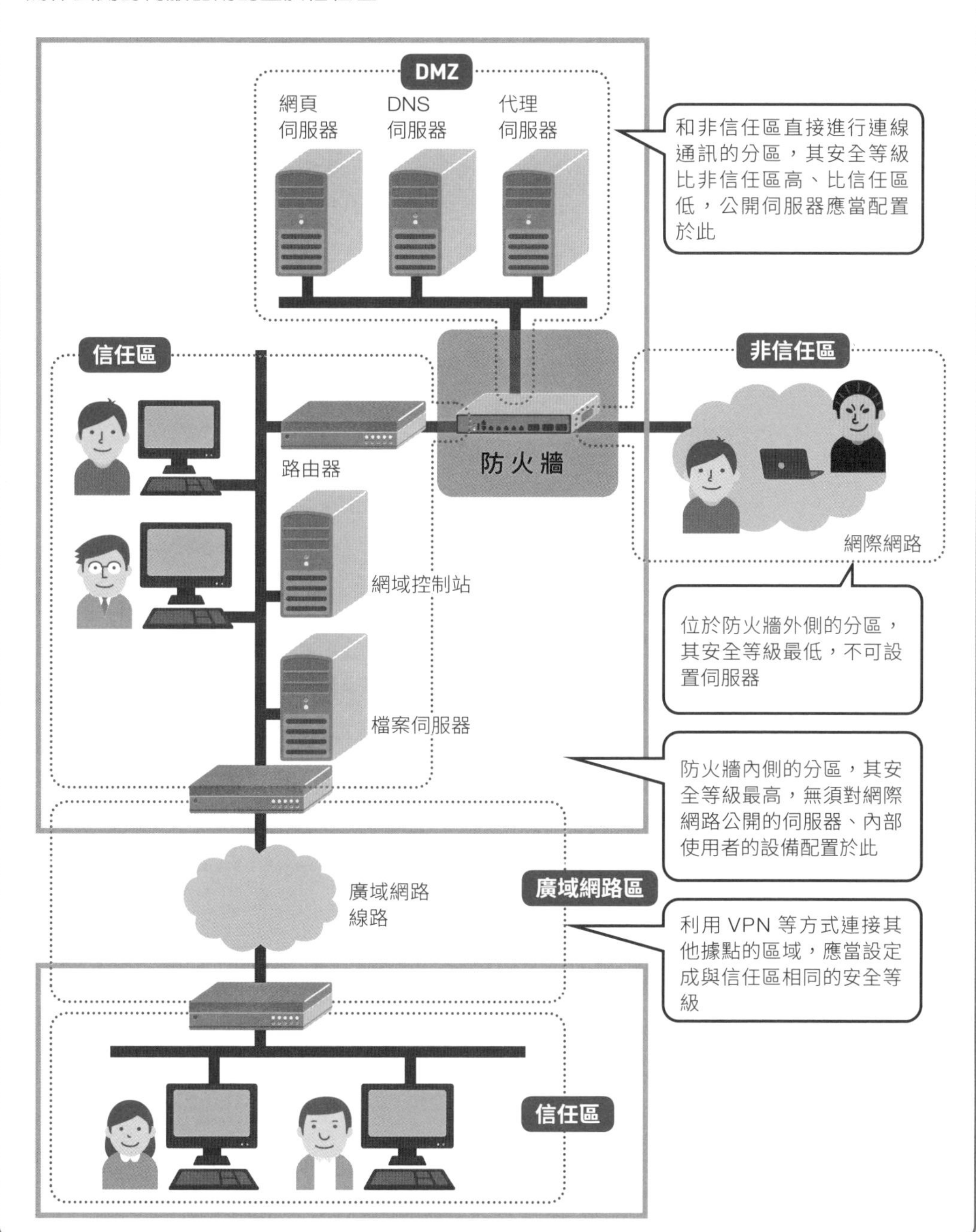

05 IDS 與 IPS

「**IDS(Intrusion Detection System, 入侵偵測系統)**」和「**IPS(Intrusion Prevention System, 入侵防禦系統)**」的設備(或功能)能觀察連線通訊的行為舉止，偵測針對伺服器而來的 DoS 阻斷服務攻擊或不正當的入侵等動作，甚至加以阻擋。以前 IDS/IPS 功能大多需要另外導入獨立的專用機器設備，不過最近的防火牆或 UTM(Unified Threat Management)經常會內建這類功能，導入獨立設備的做法反而越來越少見。

● 以 IDS 偵測入侵行為

IDS 功能可以從連線通訊的行為偵測是否為不正當的入侵動作。可疑連線的行為或攻擊模式會以「**辨識特徵(Signature)**」的形式保存在 IDS 之中，這樣的辨識特徵有如防毒軟體用來分辨電腦病毒的病毒碼檔案，可以設定在某個時間自動進行更新，或讓管理人員手動進行更新。接收到準備連線至伺服器的通訊時，IDS 會參考辨識特徵所記錄的內容，若判斷為不正當的連線通訊，便對管理者發出警告通知，而管理者收到警告之後，可以查閱伺服器上的連線 log、或修改防火牆的過濾設定等，執行相應的補救措施。

● 以 IPS 防禦入侵行為

IPS 功能可以根據連線通訊的行為舉止來防禦網路攻擊或不正當入侵。IPS 相當於 IDS 的升級版本，當利用辨識特徵偵測到連線至伺服器的不正當通訊之後，IPS 便會即時加以攔截阻擋，如此一來，即可省下 IDS 原本需要管理者介入操作的時間。

最近網路攻擊手段或入侵手法不斷地朝向複雜化、巧妙化發展，越來越難以透過機械呆板的方式來判斷是否為不正當通訊，因此，目前**大多採用先以 IDS 單純進行偵測、等到確認伺服器狀態之後、再以 IPS 執行攔截阻擋的方式**。另外 IDS/IPS 的後續維運管理方面亦是重點，不能因為已經引進設備就高枕無憂，之後還必須配合實際環境狀況，持續將設定調整至最適宜的狀態，這也是極為重要的事情。

●IDS 與 IPS

IDS 和 **IPS** 的功能可以辨認出網路上流動的可疑連線通訊，然後通知管理者、或是直接攔截阻斷通訊。
最近的防火牆或 UTM 經常會內建這類功能。

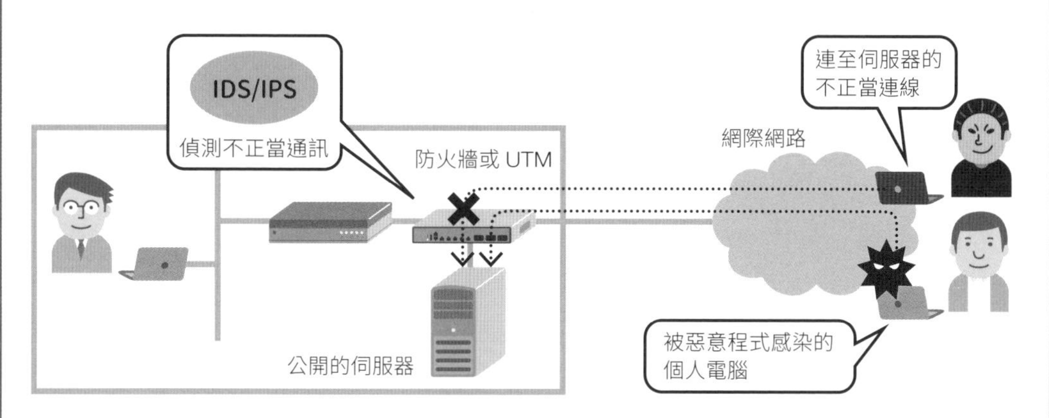

舉例來說，如果發生了針對伺服器而來的服務阻斷攻擊（DoS 攻擊），對方不斷傳來大量請求開始進行連線的 SYN 封包。

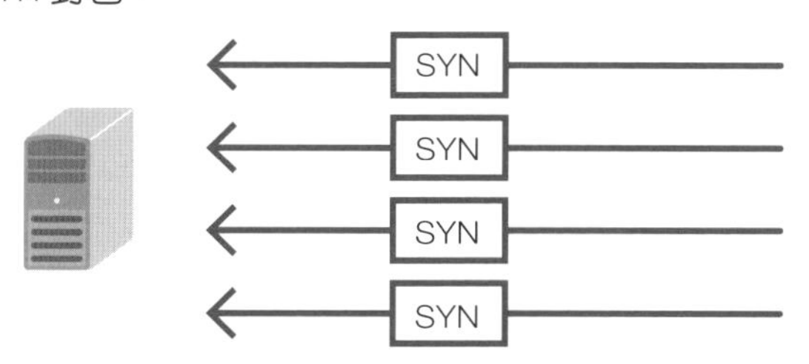

IDS/IPS 會將這樣可疑的通訊模式以辨識特徵的形式記錄起來、並且檢查通訊的內容。

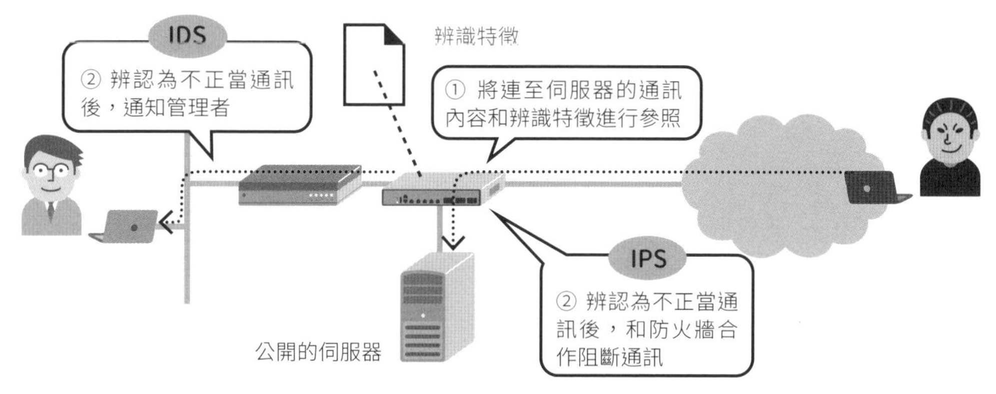

實際上，判斷何者屬於不正當通訊相當困難，必須在營運的過程中不斷自行調整設定。

06 UTM

● 將安全功能整合於單一設備

「**UTM(Unified Threat Management, 整合式威脅管理設備)**」**可說是將各式各樣的安全功能彙整於單一設備的防火牆**。

具體來說，這樣的設備整合了能偵測、防禦針對伺服器而來的不正當入侵行為的「IDS/IPS 功能」、用來查驗電腦病毒的「防毒功能」、負責檢查垃圾郵件的「防垃圾郵件功能」、控管使用者可瀏覽網站的「網址過濾功能」、以及可連接各處據點或提供遠端連線的「VPN 功能」等各種相關功能。單靠 1 台 UTM 設備，即可涵蓋原本需要多台機器才能達成的多項安全功能，除了大幅節省相關設備的採購費用，亦能讓後續維運管理的工作更加輕鬆。

若說到 UTM 設備的始祖，當屬 Fortinet 公司推出的 Fortigate 系列設備，而追隨著此系列的腳步，像是 Dell 公司的 SonicWALL 系列以及 Juniper Networks 公司的 SSG 系列等，各家廠商陸續開始投入這個領域。

● 注意效能低落的狀況

UTM 設備雖然在費用和維運管理方面具有相當大的優勢，不過**正因為是將許多功能塞進 1 台機器之中，所以必須注意效能低落的問題**。按照所啟用的功能項目和數量，效能甚至可能降低至原本的 1/10，如果設備硬體的能力無法負荷，那麼就不該把所有的安全功能交給 1 台 UTM 負責，建議可以按照功能的性質另外分配給專用伺服器設備或專用軟體，以這樣的方式增進處理效率，另外，各項功能啟用時的相關數據應該會記載在設備規格之中，想要使用的功能到底需要消耗多少效能，管理者必須充分掌握這些資訊。

還有 1 個必須注意的事情，那便是擴充性的問題。以 UTM 的設備來說，**即使某項功能成為效能上的瓶頸，也無法單純針對該項功能進行升級**，當遇到效能不足的狀況，只能更換該台機器設備，所以在規劃、選購的時候，應當考慮網路環境之後的成長狀況，選擇效能還有餘裕的設備。

補充 UTM 僅能針對有經過自身設備的連線通訊進行查驗，所以不能因為已經導入 UTM 設備就覺得萬無一失，應當合併使用防毒軟體等手段，盡量採用多重防禦的方式。

看圖學觀念！

●什麼是 UTM？

UTM 是將各式各樣的安全功能彙整進單一設備的防火牆，由於只需設置 1 台機器設備，具有費用較低、容易引進、維運管理也比較簡便等優點。

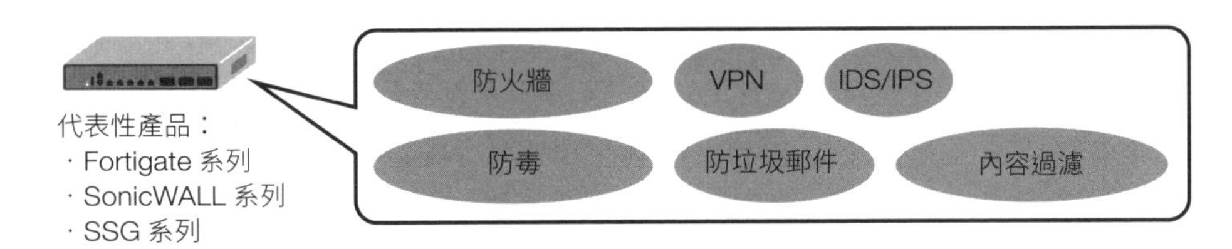

市面上亦有包含個別安全功能的專用伺服器設備，小規模的環境大多僅設置 1 台 UTM，不過中至大規模環境越來越常見到採用專用伺服器設備的做法。

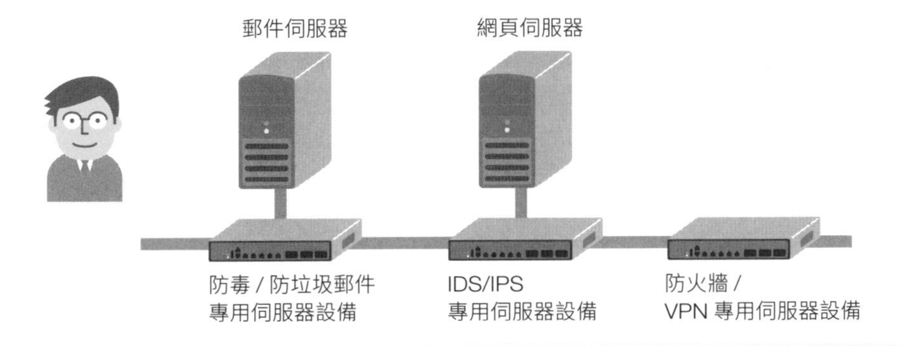

使用 UTM 的安全方案

優點

- 可以將各種安全功能全部交給 1 台設備負責，降低所需費用。
- 由於只需 1 台設備，所以容易引進、維運管理也比較簡便。

缺點

- 如果啟用多項功能，通訊處理速度可能會大幅降低。
- 若是發覺某項安全功能有所不足，無法針對單一功能進行升級。

專用伺服器設備的安全方案

優點

- 由於專門負責特定的功能，所以效能效率上較為穩定。
- 如果某項功能不足，只需置換升級該部分即可。

缺點

- 若針對各項功能設置專用伺服器設備，將會拉高費用。
- 必須對多台專用伺服器設備執行維護作業，管理上較為辛苦。

↓

亦可考慮不讓 UTM 負責所有的安全功能，
而是按照功能的性質分配給專用伺服器設備。

07 次世代防火牆

UTM 進一步發展之後的防火牆便是「次世代防火牆(Next-Generation Firewall, NGFW)」，次世代防火牆在 UTM 原本的功能之上，又增加了「應用程式識別」以及「資訊視覺化」等新功能，讓防火牆的能力再度進化。

而說到次世代防火牆的鼻祖，應當即是 Palo Alto Networks 公司的 PA 系列設備，而跟隨著這樣的發展形式，其他廠商也陸續推出次世代防火牆規格的新產品。

● 在應用程式層級進行控管

次世代防火牆並非直接利用通訊埠編號來識別屬於哪個應用程式，而是根據更多的條件來辨別應用程式、並且制定相關規則。

為了讓您比較容易理解，接下來將以 HTTPS 為例來進行說明，HTTPS 的通訊協定不僅只用於網站瀏覽，還實現了檔案的傳送接收或訊息交換等各式各樣的通訊動作，因此，TCP/443 編號通訊埠的連線已經不能單純分類為 HTTPS，需要**進一步審視網址、內容資訊、副檔名等各式各樣的內含資訊**，執行更加細緻的分類方式。

以實際的例子來說，傳統的防火牆設備若是設定允許 HTTP 的連線通訊，那麼使用者就可以瀏覽 Facebook、亦可瀏覽 Twitter 的頁面，似乎能連上所有的網站，不過換到次世代防火牆的狀況，即可採用允許 Facebook、但是拒絕 Twitter 的設定方式，根據不同的應用程式來執行控管工作。

● 查閱資訊較為方便

哪個人可以使用哪些應用程式、可以使用到什麼程度，這對管理者來說是非常重要的事情，以前的防火牆需要利用 SNMP(Simple Network Management Protocol) 或 Netflow 之類的網路監測機制，先將獲得的資訊傳送至伺服器，這些資訊如果沒有在伺服器上再行加工，管理者將無法看到清楚完整的資訊，而次世代防火牆**對於在應用程式層級進行識別的連線通訊，能將相關資訊整理成圖形或表格，便於管理者容易查閱、掌握狀況**，這即是所謂的「資訊視覺化」功能。

補充 除此之外，次世代防火牆還有增加和網域控制站合作對個別使用者執行安全控管、或者和雲端服務合作防範未知的電腦病毒等各式各樣的功能。

看圖學觀念！

●什麼是次世代防火牆？

次世代防火牆是在 UTM 的功能之上，再增加「應用程式識別」或「視覺化」等功能的產品。

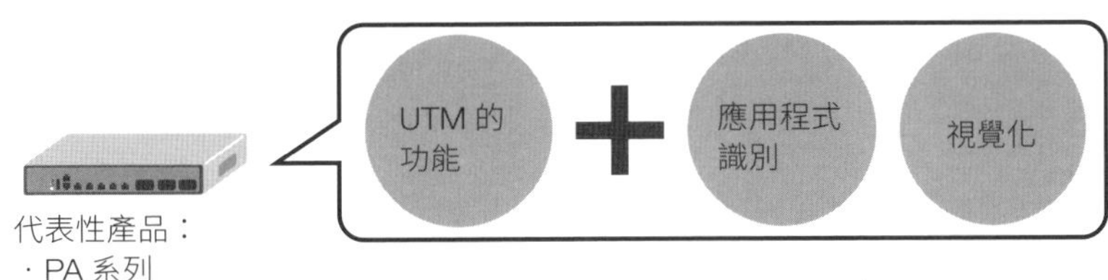

應用程式識別的功能不僅會檢視 Layer 4 的通訊埠編號，還會觀察 Layer 5～7 應用程式層的資訊，執行進一步的網路控管工作。

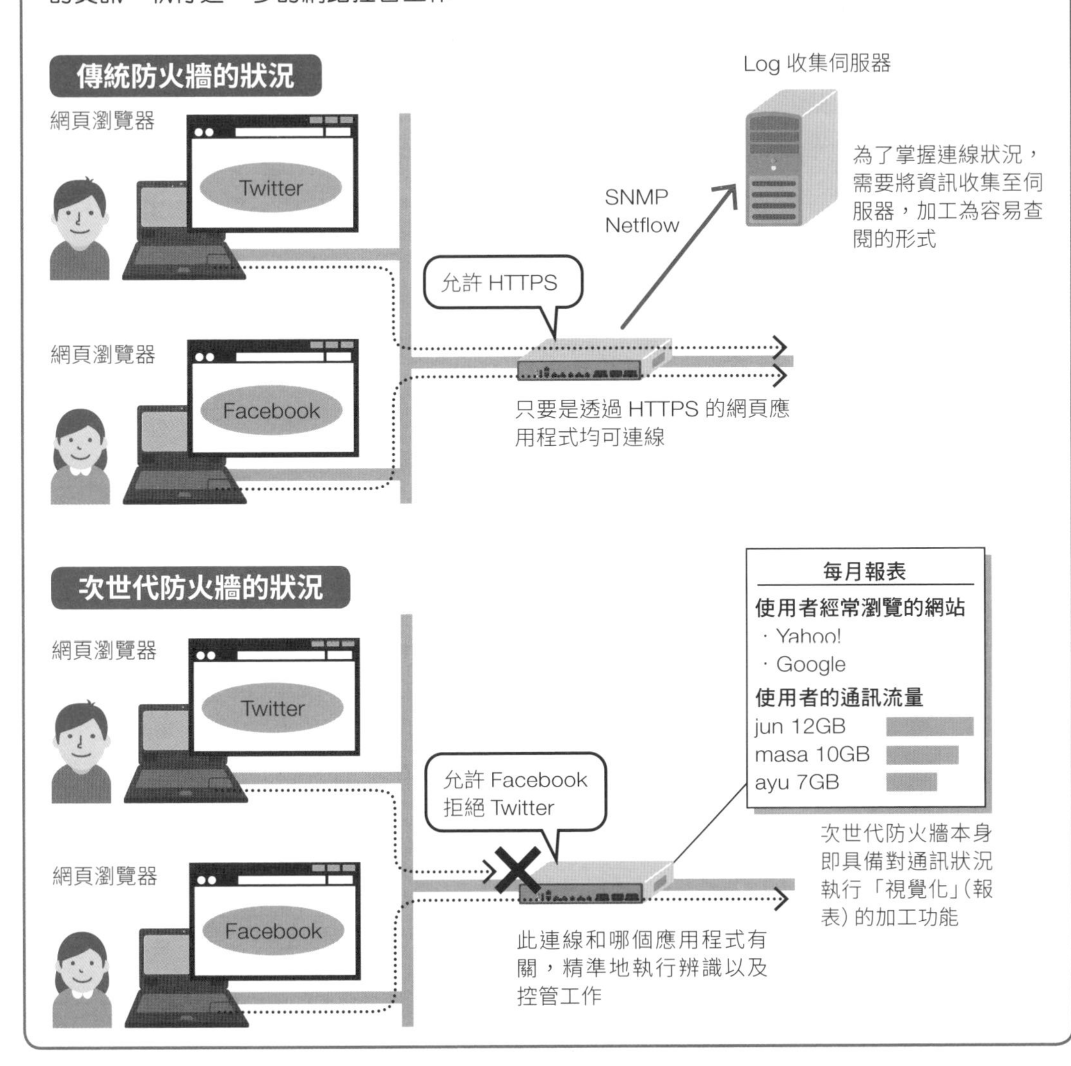

08 網頁應用程式防火牆

為了防禦網頁應用程式伺服器所特別設計的防火牆，即被稱為「網頁應用程式防火牆(Web Application Firewall, WAF)」。傳統防火牆以及 IDS/IPS 的守備範圍，只有從 OSI 模型的網路層(IP 位址)至傳輸層(通訊埠編號)而已，因此，即使防火牆為了防禦網路攻擊、設定為僅允許 HTTP 協定的通訊，對於運作層級高於 HTTP 的網頁應用程式來說，當遇到針對其脆弱性而來的攻擊方式時，這樣的防禦設定其實沒有什麼作用的。

而 **WAF 除了通訊埠編號之外，還會在應用程式層級監視 HTTP 協定所交換的全部資料，藉以執行通訊控管的工作**。WAF 按照其運作的方式，大致可分為以伺服器上安裝的程式而存在的主機型、由雲端服務的 SaaS 提供防禦功能的 SaaS 型、以及需要引進專用伺服器設備的專用伺服器型等 3 種形式。

再說到專門針對網頁應用程式的攻擊方式，這裡列舉幾個較具代表性的手法，首先是利用和資料庫伺服器連動時所使用的 SQL 語法、藉以達成攻擊的「SQL 注入攻擊(SQL Injection)」，或利用瀏覽器頁面顯示處理程式而達到攻擊效果的「XSS (Cross-Site Scripting, 跨網站指令碼)」，還有從偽造網站讓使用者送出非屬本意的 HTTP 請求的「CSRF(Cross-Site Request Forgery, 跨網站偽造請求)」。這些攻擊手法都是為了竊取重要的資訊、或竄改他人的資料等各種惡意行為，可能會導致大量的金錢損失、或喪失客戶的信賴。

WAF 為了能夠對抗上述之類的攻擊方式，會將各種攻擊手法的範本型態以「**辨識特徵(Signature)**」的形式保存起來，然後配合這些辨識特徵、檢查傳送給網頁應用程式伺服器的 HTTP 請求當中所包涵的全部資料(HTTP Header 和 HTML 資料等)，當傳送內容和辨識特徵吻合的時候，WAF 便會將相關狀況寫入 Log、或直接阻斷該連線。辨識特徵可以設定為在指定時間自動進行更新、亦可由管理者手動進行更新。

引進 WAF 設備或功能的時候，建議**最初不要做任何的阻擋設定、先全部放行，讓 WAF 學習該環境實際上的通訊流動狀況，經過一段時間、學習到通訊的大致樣態之後，再根據這樣的資訊設定可允許、或應該拒絕的連線通訊**。

看圖學觀念！

●網頁應用程式防火牆的作用

防火牆和 IDS/IPS 雖然可以設定放行或阻擋 HTTP 的通訊，不過透過 HTTP 交換的封包資料當中若包含著攻擊碼，那麼這樣的設定其實是沒有防禦作用的，而網頁應用程式防火牆能檢查 HTTP 所交換資料的內容，偵測到針對網頁應用程式的攻擊。

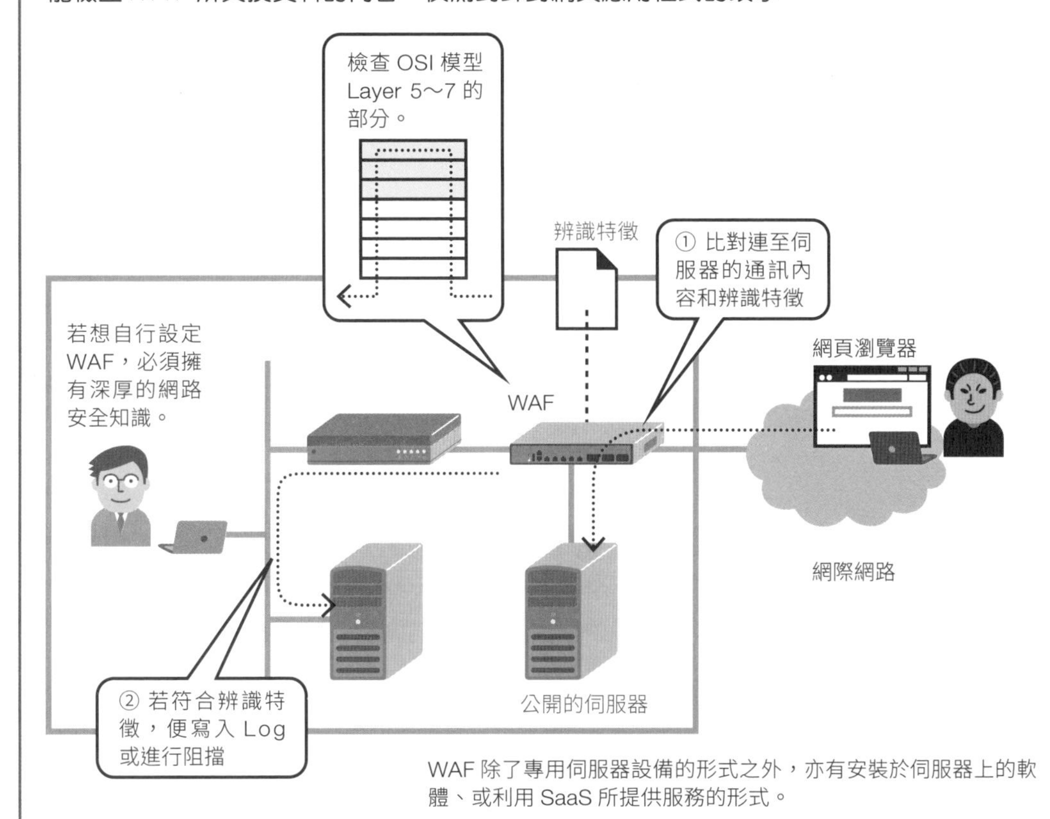

WAF 除了專用伺服器設備的形式之外，亦有安裝於伺服器上的軟體、或利用 SaaS 所提供服務的形式。

●針對網頁應用程式的代表性攻擊方式

攻擊名稱	概要說明
SQL 注入攻擊	鎖定網頁應用程式和資料庫連線方式上的不完備，達到修改資料庫的資料、或不正當竊取資料等目的。
跨網站指令碼 (XSS)	針對網頁應用程式不夠完備的部分，讓一般使用者的瀏覽器顯示、執行攻擊者所撰寫的 HTML 標籤或 JavaScript，例如讓瀏覽器顯示偽造的信用卡號輸入畫面、或攔截竊取使用者和伺服器之前的連線等攻擊方式。
跨網站偽造請求 (CSRF)	對正在登入某個網站的使用者顯示陷阱頁面、或讓使用者將網頁請求傳送至攻擊者所準備的網頁應用程式，例如讓使用者在不知情的狀況下發布訊息至社交網站、或在購物網站購買物品等。

09 電子郵件的安全對策

能防範垃圾郵件或病毒郵件等惡意郵件、特別著重於電子郵件相關安全功能的系統即被稱為「**郵件安全系統**」。前個單元也曾經提及，傳統防火牆以及 IDS/IPS 的守備範圍，只有從網路層（IP 位址）至傳輸層（通訊埠編號）而已，因此，即使防火牆僅允許電子郵件（SMTP）的通訊，也無法拒收垃圾郵件、或檢測郵件附加檔案中所含有的電腦病毒（因為郵件的內容在 OSI 模型中的層級更高），**而網路安全系統可在應用程式層級監視透過電子郵件所交換的資料內容，並且執行相關防禦措施**。

● 3 種形式的郵件安全系統

郵件安全系統可分為需要引進專用伺服器設備的「**專用伺服器型**」、以套裝軟體的形式安裝於伺服器上的「**主機型**」、以及利用雲端服務提供安全功能的「**雲端服務型**」等 3 種形式。上述形式的差異僅在於執行防禦措施（檢測等動作）的位置而已，其中專用伺服器和主機型會在 DMZ 執行檢測的動作，而雲端服務型則是利用雲端服務上準備的功能來執行檢測，不過它們的基本運作方式或功能並沒有太大的差異。

● 郵件安全系統的基本運作方式

郵件安全系統的基本運作方式大致如下所示。

① 從網際網路傳送過來的電子郵件會先由郵件安全系統接收。

② 對於接收到的電子郵件，郵件安全系統執行發送來源的 IP 位址以及電腦病毒等各種相關檢查動作。

③ 通過檢查的電子郵件會轉送至公司內的郵件伺服器，另外檢查不合格的郵件則會被隔離或直接刪除，如果是以隔離的方式處理，還可以對收信信箱的使用者發出郵件隔離通知的電子郵件。

補充 如果採用雲端服務的形式，那麼公司內部就無須接收這些垃圾郵件，可以節省有限的網際網路連線頻寬。

看圖學觀念！

●監控郵件內的資料、檢測垃圾郵件或附加檔案的病毒

傳統防火牆和 IDS/IPS 雖然可以控制是否放行郵件傳送協定(SMTP)，不過無法檢查郵件的內容，所以無法拒收垃圾郵件、或檢測郵件附加檔案的病毒。

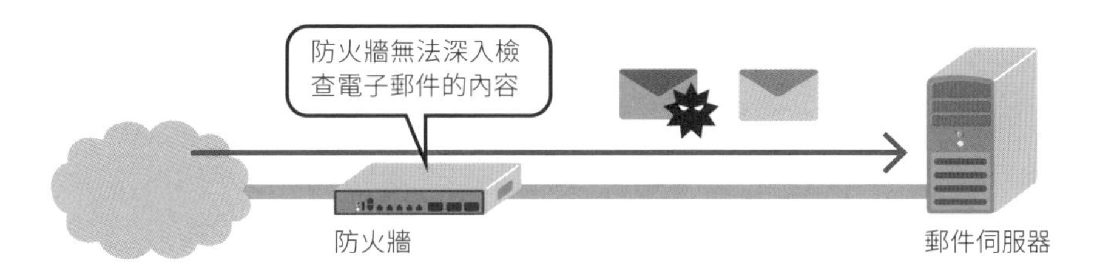

因此需要使用專為郵件安全功能所設計的郵件安全系統，郵件送至郵件伺服器之前會先經過郵件安全系統。

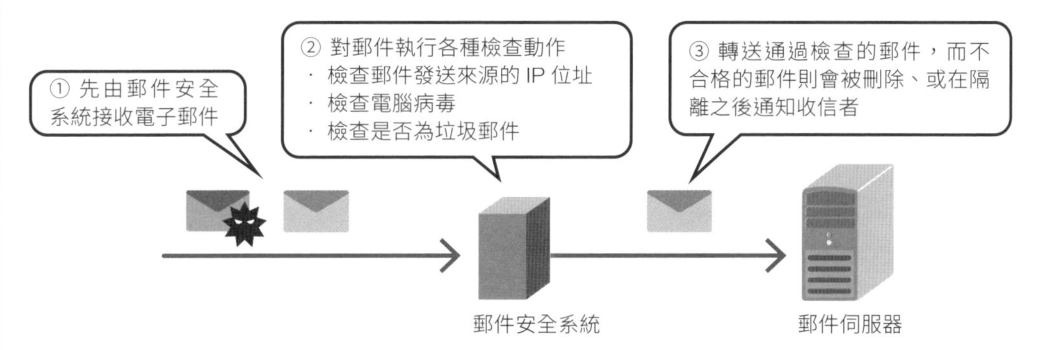

郵件安全系統具有 3 種形式，雖然執行檢查動作的場所有所不同，不過基本的運作方式並沒有太大的差異。

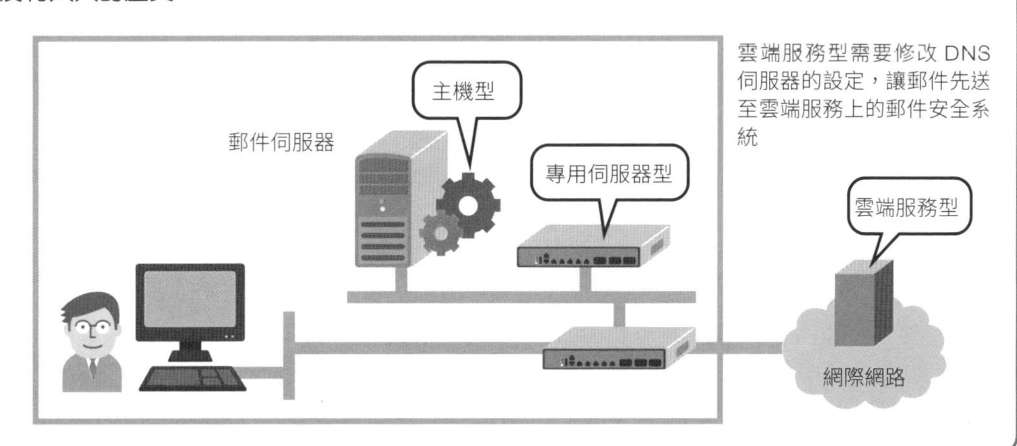

COLUMN

資訊安全
不能只靠密碼

最普遍的安全措施就是利用使用者帳號和密碼進行的「密碼驗證」，社群網站以及線上遊戲等各種網路服務都廣泛採用。密碼驗證的最大優點就是「便利性」，只要記得使用者帳號和對應的密碼，那麼無論透過哪台電腦都可以登入使用服務。

但是無論使用者帳號或密碼，說到底都僅是 1 段字串，只要知道使用者帳號和密碼，不論是誰都可以自行登入使用該項服務，連懷有惡意的人士也不例外，因此，為了提高安全強度，將密碼驗證和其他驗證方式組合運用的「多重要素驗證 (Multi-Factor Authentication)」做法越來越普遍，具體來說，可以使用如下所述的驗證組合方式。

- **一次性密碼**（OTP, One-Time Password）

採用經過一段時間便會自動改變的密碼，使用者可以透過智慧型手機的 APP 或電子郵件接收取得暫時性的密碼，再搭配原本的方式輸入驗證資訊。

- **圖像驗證**（CAPTCHA）

此為運用圖片影像的驗證方式，使用者需要根據網頁上所顯示的圖片，解讀圖片中加工埋藏的歪斜文字或數字，然後搭配原本的方式輸入驗證資訊。

- **數位憑證驗證**

利用數位憑證進行驗證的方式，使用者需要預先在電腦設備上安裝、存入數位憑證（用戶端憑證），然後再連線至提供服務的伺服器，當數位憑證的驗證動作通過之後，還需要輸入密碼驗證的資訊來登入伺服器。

Chapter

8

伺服器的維運管理

在資訊系統的整個生命週期中，時間最長的階段即是維運管理階段，為了讓伺服器能持續對用戶端提供服務，本章將針對重要的維運工作項目、以及較具代表性的相關功能伺服器進行解說。

01 本章內容概要

1-6 節「伺服器的維運管理」提到，資訊系統在服務正式上線之後隨即進入維運管理的階段，為了在任何時刻、任何狀況之下，系統都能持續提供安定的服務，管理者需要執行設定的微調、或化解故障狀況等各式各樣的工作事項。而對於系統進入維運管理的階段之後，管理者實際上應當完成什麼樣的工作內容，此單元將從「**修改設定**」以及「**解決問題狀況**」這 2 個面向分別進行說明。

● 修改設定

修改設定是因應使用者或系統的需求而執行的工作，在維運管理階段會不斷出現，修改設定的工作主要包含如下的內容事項。

① 新增、刪除、修改使用者帳號
② 測試以及正式安裝作業系統或應用軟體的更新程式
③ 調整作業系統或應用軟體的設定 (優化)

● 解決問題狀況

解決問題狀況可分為**事前預防**以及**事後補救**。**防止問題狀況發生、或為了狀況發生之後還可以執行補救措施的準備工作均屬於事前預防**，事前預防主要包含下列的工作項目。

① 利用 SNMP 伺服器定期監控效能、狀態、故障等狀況 (8-10 節介紹)
② 利用 Syslog 伺服器監控錯誤記錄 (Error Log) (8-9 節介紹)
③ 執行備份工作 (8-5 節介紹)

問題狀況發生之後執行的復原工作即為事後補救，這多半是突發的工作事項，主要包含下列的工作項目。

① 分析 SNMP 或 Syslog 伺服器的 Log、執行相應的措施 (8-9、8-10 節介紹)
② 以備份資料進行還原 (8-5 節介紹)

補充 出人意料地，機房清掃竟然是管理工作中不可輕忽的項目，因為灰塵是伺服器的大敵，如果堆積過多，風扇將無法順利運轉、可能導致溫度飆升。

看圖學觀念！

●為了提供穩定的服務，必須執行各項相關工作

進入維運管理階段之後，讓伺服器持續提供平穩的服務是系統管理者的重責大任。主要分為 2 個部分。

修改設定

解決問題狀況

具體的工作內容如下所示。

工作類別		工作項目	相關小節
修改設定		新增、刪除、修改使用者帳號	–
		測試以及正式安裝作業系統或應用軟體的更新程式	8-3, 8-4
		調整作業系統或應用軟體的設定	–
解決問題狀況	事前預防	利用 SNMP 伺服器定期監控效能、狀態、故障等狀況	8-10
		利用 Syslog 伺服器監控錯誤記錄	8-9
		取得備份資料	8-5
	事後補救	分析 SNMP 或 Syslog 伺服器的 Log、執行相應的措施	8-9, 8-10
		以備份資料進行還原	8-5

有些伺服器提供的服務可以用來協助維運管理的工作，本章之後將針對這些伺服器分別做具體的說明。

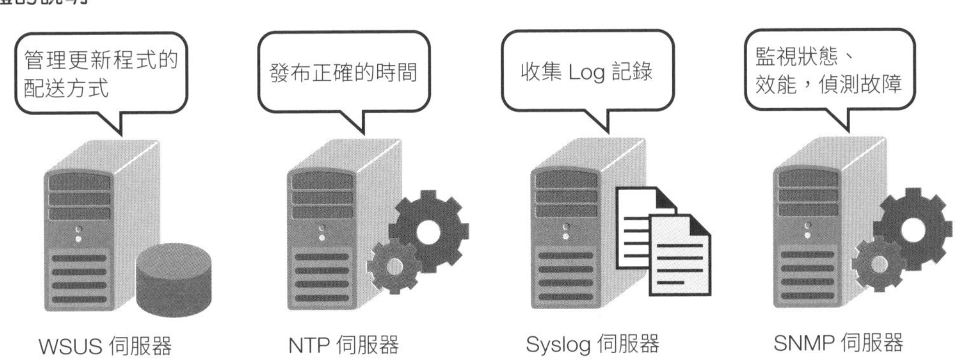

02 從遠端管控伺服器

完成了伺服器的安裝設置工作之後，除了發生故障或進行定期檢查之類的狀況，通常不必待在機房實體設備前面執行相關工作，多半使用辦公室的個人電腦、透過區域網路來操作伺服器即可，如果狀況允許，甚至可以從自家的個人電腦透過 VPN 連進公司進行操作。

● 各作業系統的遠端管理方式

從遠端操作 UNIX 作業系統的伺服器時，一般會利用名為「**SSH(Secure SHell)**」的通訊協定和連線程式，SSH 組合運用了公開金鑰加密以及對稱金鑰加密的方式，藉以達成通訊加密的效果。

若想透過 SSH 協定連上伺服器，在 Windows 的用戶端可以選用「TeraTerm」或「PuTTy」等連線程式，而 UNIX 上則可使用「Terminal」。以支援 SSH 的程式連上伺服器之後，會被要求輸入使用者帳號和密碼，通過驗證後，連線程式便會繼續以 CLI(文字命令行) 形式呈現畫面，讓管理者透過輸入指令來遠端操作伺服器。

而從遠端操作 Windows 系列作業系統的伺服器時，伺服器端可以開啟「**遠端桌面(Remote Desktop)**」的功能，此功能運用了 SSL 和獨家的方法來做到通訊加密。

用戶端想遠端連上伺服器則需使用遠端桌面用戶端程式，開啟程式準備連接伺服器之際，初始的畫面便會要求輸入使用者帳號和密碼，通過使用者驗證之後，連線程式將顯示 GUI 圖形介面，供管理者遠端操作伺服器。

● 雲端服務可使用相同的連線方式

即使伺服器位於雲端服務之上，還是可以使用相同的遠端連線操作方式，只要詢問雲端服務業者，取得連線對象伺服器的對外 IP 位址、或主機名稱加上網域名稱的完整網域名稱 (FQDN, 例如 server.abc.com.tw)，之後 UNIX 系列的伺服器即可透過 SSH、而 Windows 系列的伺服器則可使用遠端桌面來執行連線操作。

補充 遠端桌面採用「RDP(Remote Desktop Protocol)」的協定來進行連線通訊，另外 RDP 預設的通訊埠編號為 TCP 的 3389。

看圖學觀念！

●從自己的電腦遠端管理伺服器

從自己座位的個人電腦透過區域網路、或者從公司外透過 VPN 連上伺服器進行操作，而位於雲端服務的伺服器亦可採用相同的連線方式。

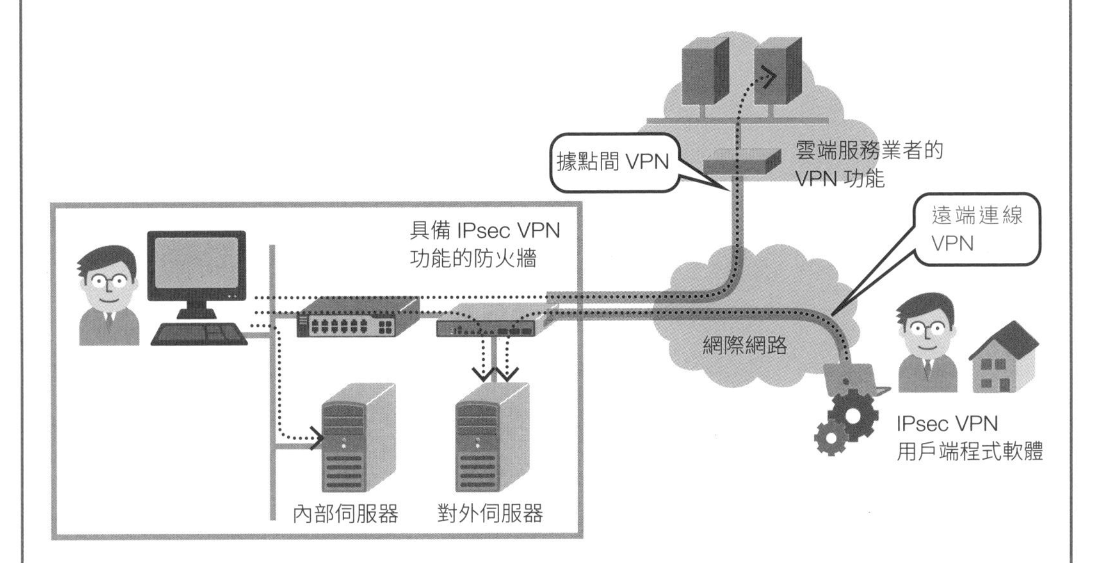

說到伺服器的遠端連線方式，UNIX 系列一般會利用 SSH、而 Windows 系列則可使用遠端桌面功能。

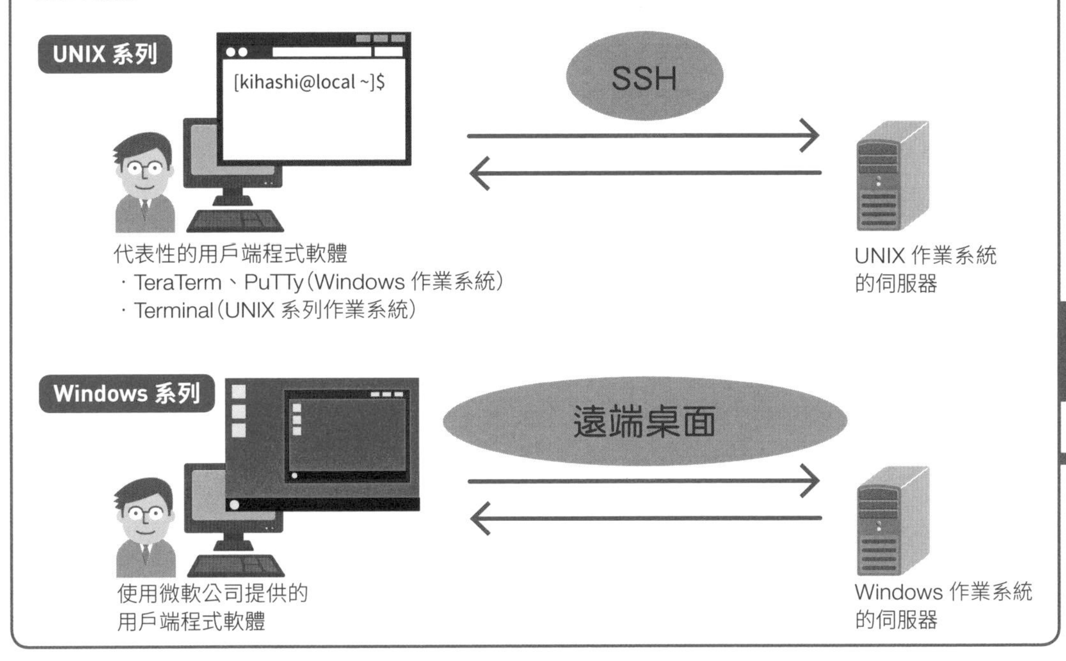

03 安裝更新程式

在電腦系統上線運轉的期間，安裝更新程式是需要定期執行的工作項目之一，由於無論什麼樣的程式軟體都是人所撰寫出來的成果，所以其中必定存在某些 Bug，系統管理者應當定期執行更新程式的安裝工作，化解 Bug 可能帶來的問題，而在安裝更新程式的時候，必須納入考量的事項便是「應用程式的運作狀況」以及「重新啟動的影響」。

● 應用程式的運作狀況

如果費了一番功夫來安裝更新程式、將作業系統的 Bug 修補起來，之後卻發現其上原本可以正常運行的應用程式忽然無法啟動，這樣豈不是顧此失彼，所以安裝更新程式的時候，建議**先安裝於測試伺服器確認應用程式仍然可以正常運作、再套用於正式上線環境**。假若略過建立測試用的環境，那麼不幸遇到更新失敗的時候，就需要從備份資料還原補救，這樣的風險很大，請評估好利弊得失。

雖然伺服器或用戶端的作業系統通常都具有自動更新的功能，不過**手動更新伺服器作業系統是管理上的基本原則**，可以先下載更新用的程式檔案，但是安裝動作應該等到對系統影響較小的時候，也就是建議稍微推遲下載和安裝的時間點，採用配合實際需求、手動進行更新的做法。

● 重新啟動的影響

作業系統的更新程式安裝完成之後，大部分的狀況都必須重新啟動，重開機對於一般使用者所使用的 Windows 電腦來說，並不是什麼特別嚴重的問題，不過對象若是換成伺服器就需要另作考量。由於伺服器重新啟動的期間當然無法持續提供服務，因此，應當**預先測量停機再啟動所需的總時間長度，選定對使用者影響最小的時間點，然後才執行重新啟動的動作**，另外，需要重新啟動伺服器的時候，也應該利用公司內部的網站或郵件伺服器，事先發出暫停服務的通知訊息。

看圖學觀念！

●手動安裝伺服器作業系統的更新程式是基本原則

當伺服器的作業系統發現 Bug 或安全漏洞的時候，需要下載以及安裝更新程式來執行補救措施。

●安裝更新程式的步驟

1 先安裝於測試伺服器，確認原有應用程式的運作狀況

不應該貿然安裝至正式運轉的伺服器，先在測試伺服器上確認沒有問題才比較安全，而且需要預先測量伺服器重新啟動所需的時間。

2 正式伺服器應該在不影響使用者的時段進行安裝

安裝完更新程式，重新啟動的期間勢必無法持續提供服務，應該選在對使用者影響較小的時段執行相關作業，另外也應該事先告知服務將會中斷的消息。

04 更新程式的配送管理方式

設置於公司內部、用來管理 Windows 更新程式配送工作的伺服器即是「**Windows Server Update Services 伺服器（以下簡稱為 WSUS 伺服器）**」。Windows 作業系統預設使用網際網路上的 Windows Update 伺服器來進行更新，**您可以把 WSUS 伺服器想像成此種伺服器的公司內部版本**。

WSUS 伺服器會先從微軟公司的網站下載更新程式檔案，然後在任意的時間點發送給公司內部的電腦，WSUS 原本需要另行安裝，目前已成為 Windows Server 作業系統的內建服務、可選擇是否啟用。

● 利用 WSUS 伺服器安裝更新程式

WSUS 伺服器能按照預先指定的時程、或在任意的時間點下載更新程式檔案存放於伺服器的儲存空間，對於已經下載完成的更新程式檔案，管理者可以指定發送哪些更新程式、以及發送到哪些電腦。而用戶端電腦會根據群組原則（Group Policy）、或登錄檔內設定的時程，連線至 WSUS 伺服器下載更新檔來安裝。

● 引進 WSUS 伺服器的好處

Windows Update 的更新機制，預設是使用網際網路上微軟公司的網站來下載更新程式檔案，因此，當需要更新的電腦數量越來越多，將占用大量的連線頻寬。**若在公司內部導入 WSUS 伺服器，那麼更新程式檔案僅需下載 1 次，可以藉此節省有限的網際網路頻寬**。

還有，WSUS 伺服器能以名為「**電腦群組（Computer Group），是 AD 網域才有的管理單位**」指定可以開始發送的更新程式，而在實際操作的時候，建議先讓測試伺服器的電腦群組安裝更新程式，確認原本安裝的應用程式仍然可以正常運作之後，再讓正規伺服器的電腦群組安裝該更新程式，這樣會比較保透過這樣的方式，即可避免安裝更新程式造成原有應用程式發生問題的狀況。

補充 WSUS 伺服器還能收集各電腦更新程式的安裝狀況，然後將這樣的資訊彙整成 Excel 或 PDF 格式的報表。

看圖學觀念！

●WSUS 讓公司內部的程式更新工作更順暢

若在公司內部架設 WSUS 伺服器，即可集中管理 Windows 等微軟公司產品的更新程式。

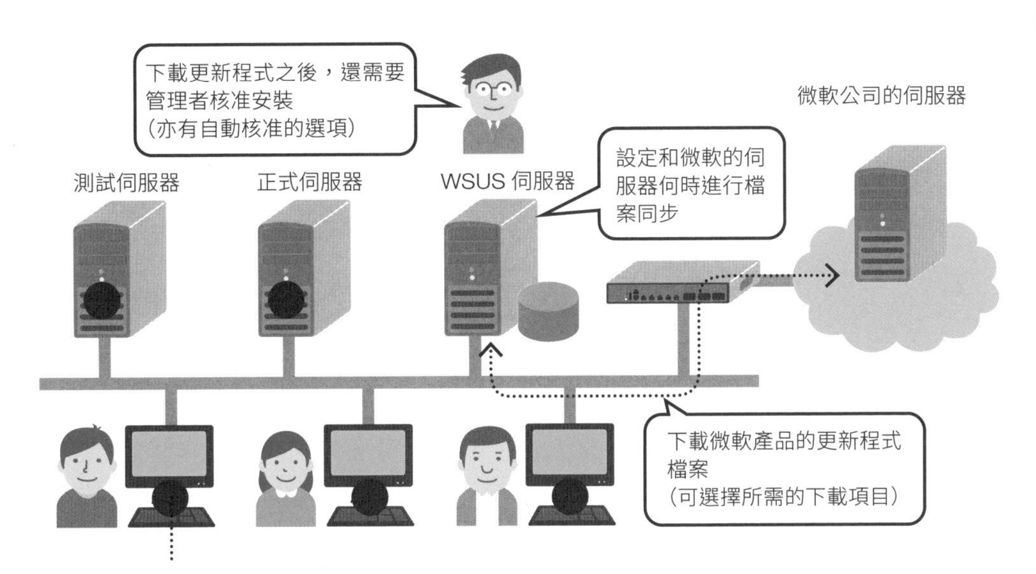

WSUS 用戶端程式(Windows Update)

連線至 WSUS 伺服器，下載、安裝更新程式

用戶端電腦不僅可以從微軟的伺服器、還能從 WSUS 伺服器取得更新程式。

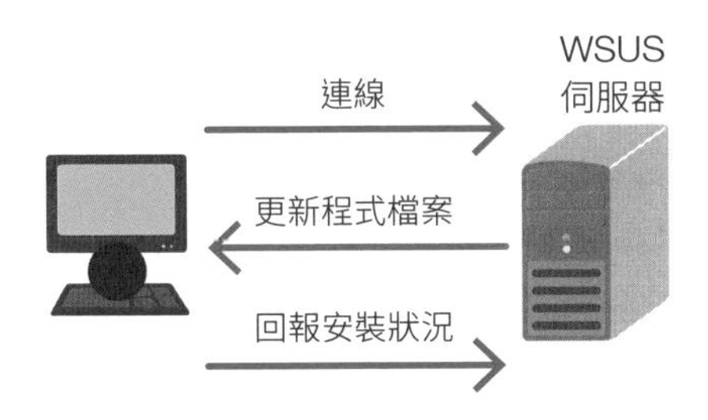

在 Active Directory(AD) 的環境中，可以透過群組原則的設定，改變 WSUS 用戶端取得更新程式的來源，從預設的微軟公司伺服器 (Microsoft Update 網站) 更改為內部的 WSUS 伺服器。

WSUS 伺服器提供的功能

- WSUS 伺服器的主控台會顯示用戶端的一覽清單，便於掌握更新程式的安裝狀況。
- 能視需求選擇哪些更新程式可以開始提供用戶端進行安裝。
- 若將公司內部電腦分成不同群組，可以對各群組分別指定發送的更新程式。

05 備份與還原

備份 (Backup) 是針對故障狀況預做準備、取得資料的複本，而將備份所得資料寫回原本位置就稱為「**還原 (Restore)**」。

在伺服器維運的過程中，管理者最為戒慎恐懼的問題狀況便是「資料的遺失」，由於伺服器上保存著大量重要的資料，即使只有喪失其中的部分資料，其後果將無法估算，**應付資料消失的終極手段，即是利用備份的資料來執行還原的動作**。進行備份和還原的時候，一般會使用備份專用的工具軟體，例如 Symantec 公司的「Backup Exec」、Arcserve 公司的「Arcserve Backup」、以及 Windows Server 作業系統標準內建的「Windows Server Backup」等，都是具代表性的備份軟體。

● 什麼時候備份於何處？

執行備份工作的時間大都安排在夜間或清晨等的時段，因為備份對於伺服器來說是負荷相當大的處理動作，所以**應當規劃在用戶端較少進行連線的時間帶執行**。

備份資料的存放位置，一般會有安裝於同一機體內部的硬碟裝置、透過網路的 NAS 或雲端服務、以及大容量的磁帶裝置等各種選項，可以根據預算費用、備份執行速度、需備份的資料容量、以及管理上的工作負擔等各種因素來決定。還有，備份工具軟體通常可用檔案、資料夾、磁碟分割區或磁碟為單位來指定備份的來源對象，不過請勿盲目地執行備份工作，應該按照資料的重要程度、選擇需要備份的對象以及執行方式。

● 採用何種備份方式？

另外，備份方式還可以分成 1 次備份全部資料的「**完整備份 (Full Backup)**」、僅備份與完整備份有所不同的「**差異備份 (Differential Backup)**」、以及只備份前次備份之後有發生變動的部分的「**增量備份 (Incremental Backup)**」。規劃實際營運伺服器的備份工作時，可以採用每周完整備份 1 次、然後每日執行 1 次差異備份，以這樣的做法組合使用 2 種類型的備份方式。

補充 不同備份方式也必須採用不同的還原步驟，例如完整備份資料只需 1 個還原步驟即可完成。若是完整加差異的組合方式，則需要先還原完整備份的資料、再還原差異資料。

看圖學觀念！

●以專用工具管理備份的來源對象、方式和儲存位置

對於伺服器的重要資料，必須定期執行備份（複製資料）的工作，萬一遇到伺服器資料遺失的狀況，才能利用備份所得的資料檔案執行還原（寫回資料）的補救措施。

備份來源對象
的伺服器

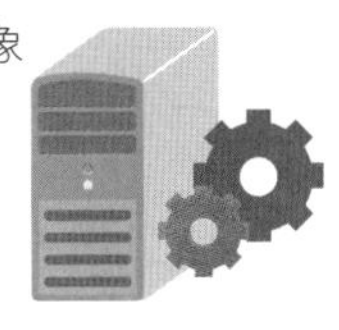

備份

還原

負責備份工作
的伺服器

管理備份執行時程
管理備份資料與儲存
媒體

代表性的備份軟體
- Backup Exec
- Arcserve Backup
- Windows Server Backup

何時執行備份？

每日備份可設為自動排程、選在夜間或清晨等用戶端較少進行連線的時間執行。
每周或每月的備份工作需要較多時間備份伺服器的全部資料。

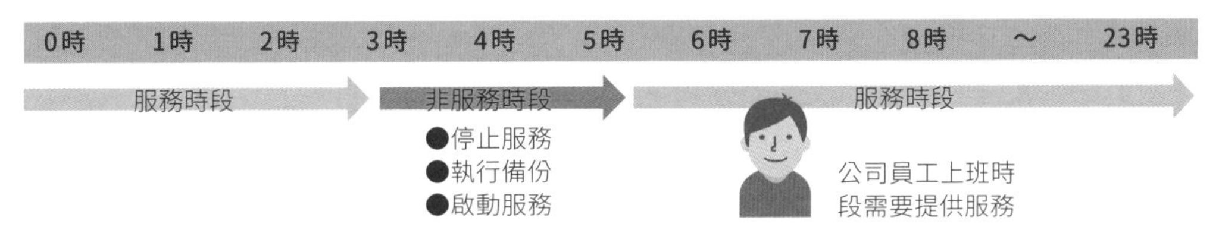

備份於何處？

內建硬碟、NAS、雲端服務或磁帶等各式各樣的選擇。

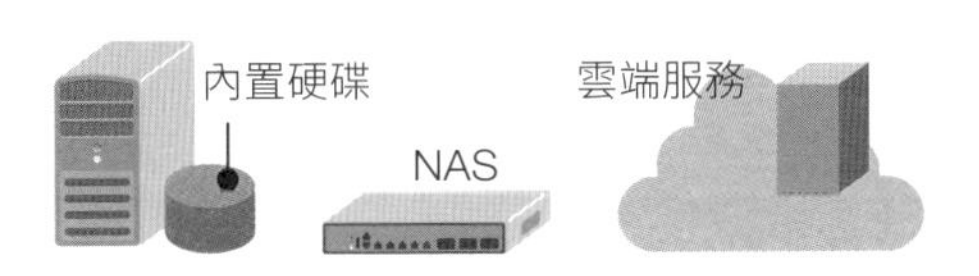

備份哪些部分？

可以用檔案、資料夾、磁碟分割區或磁碟等單位來指定備份範圍，而且應該按照重要程度選擇需要備份的對象。

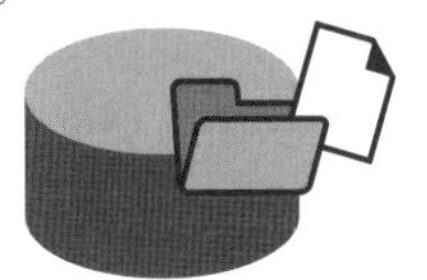

採用何種備份方式？

完整備份

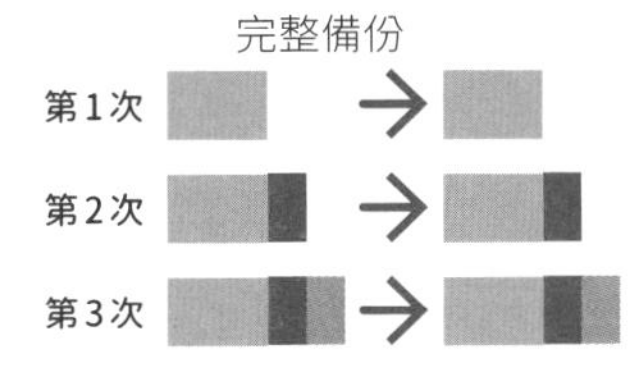

每次都複製全部資料

差異備份

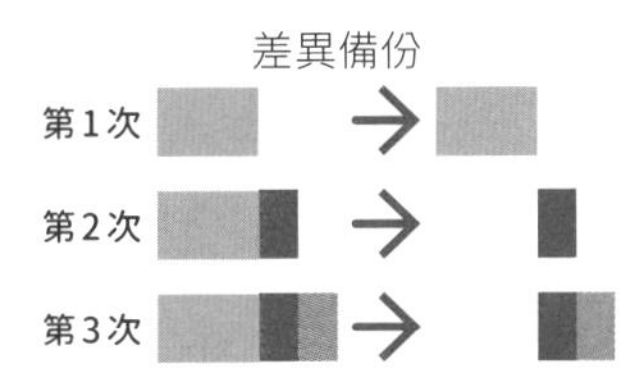

複製和完整備份有所差異的部分資料

增量備份

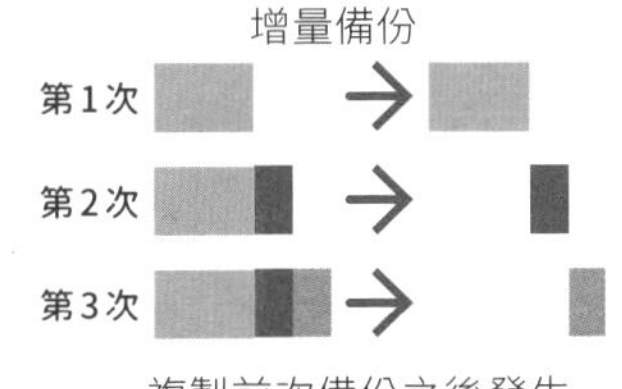

複製前次備份之後發生變動的部分資料

06 利用指令查詢網路的狀態

當網路發生某些狀況時，可以使用**網路查詢指令(Network Command)**確認網路目前的狀態。Windows 作業系統可在「命令提示字元」的視窗中輸入這些網路查詢指令，而 UNIX 作業系統則可在「Terminal(終端機)」中輸入這些指令，主要較為常用的網路查詢指令如下所示：

- ipconfig

  查詢目前所使用電腦或伺服器的 IP 位址、子網路遮罩或預設閘道等網路相關設定，UINX 系列作業系統需要改為輸入「ifconfig」名稱的指令。

- ping

  用來確認連線至特定 IP 位址的網路是否暢通，此指令會傳送或接收屬於「**ICMP (Internet Control Message Protocol)**」協定的控制封包，藉以確認 2 者之間的線路是否暢通。

- tracert

  用來確認連線至特定 IP 位址的路由節點狀況的指令，可以得知抵達對方的 IP 位址之前、中間經過了什麼樣的網路路徑與節點(路由器設備)。在 UNIX 系列作業系統中的指令名稱為「tracerouter」。

- arp

  能顯示 ARP 列表(ARP Table)資訊的指令，可以用來確認相同網段範圍內其他電腦或資訊設備的 MAC 位址。

- nslookup

  此指令能查詢透過 DNS 進行域名解析的相關資訊，經常用於確認 DNS 伺服器的域名解析結果是否正確。

- netstat

  能顯示網路連線資訊(目前連接中的 IP 位址和通訊埠編號等)以及路由相關資訊，也可以利用它來查詢已傳送接收的封包數量或錯誤的封包數量等，與網路卡相關的統計資訊。

補充 最近也能找到許多以 GUI 形式執行上述指令功能的工具程式，如果您排斥輸入指令的方式，亦可改用這類工具程式。

看圖學觀念！

●透過指令確認網路的狀況

作業系統內建了許多能確認網路狀態的指令，輸入並執行指令之後，畫面上便會顯示對應的結果。

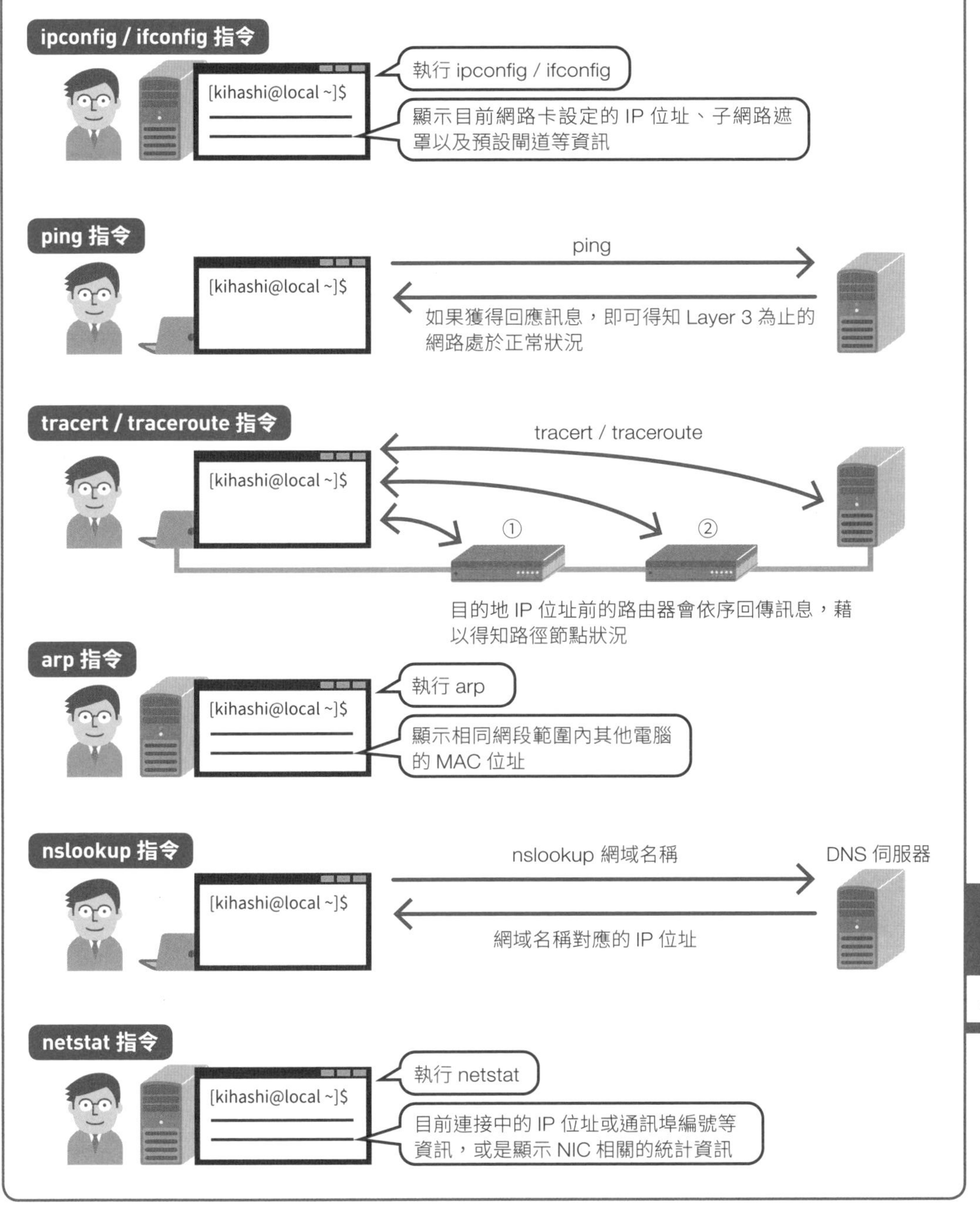

07 利用指令逐步確認障礙位置

當網路發生故障狀況的時候，可以利用前一節介紹的網路查詢指令，逐一確認每個部分的狀態、找出到底是哪個地方發生故障，而且在尋找問題點的時候，應該從OSI 參考模型的實體層 (Physical Layer) 開始、按部就班地確認各層的狀態。本節就簡單說明其操作步驟，讓您大致有個概念。

● 從實體層開始逐層往上確認狀態

首先應當**在實體層確認網路卡上行線路的狀況是否正常**，如果上行線路的狀況有異，那麼也許是網路卡的網路接口、目前所連接交換器的網路接口、或區域網路的實體纜線發生問題，可以試著改為使用交換器的其他接口、或是換上新的網路纜線，以這樣的方式縮小可能發生故障的部位。

上行線路若是沒有問題，接下來需要考慮資料連結層 (Data Link Layer) 的故障狀況。可以對預設閘道設備的 IP 位址執行 ping 指令，如果沒有收到回應，需要再使用 arp 指令確認目前使用的電腦是否知道預設閘道的 MAC 位址，假若 arp 列表中記錄著預設閘道的 MAC 位址，請另外確認一下預設閘道是否設定拒絕 ping 之類的通訊，若是 arp 列表中沒有預設閘道的 MAC 位址，那麼就有可能是交換器或預設閘道設備有些問題。

如果預設閘道設備正常地回應訊息，再來需要懷疑網路層 (Network Layer) 的故障狀況。此時可以對預設閘道之外 (區域網路外部) 的網路 IP 位址執行 ping 指令，若沒有收到回應，請再使用 tracert 指令，確認連線路徑中斷於哪個節點位置，在 tracert 指令的執行結果中，沒有回應的節點或許即是發生故障的地方。

如果以 tracert 或 traceroute 指令確認了中間的網路路徑順暢無礙，接下來便是考慮傳輸層的故障狀況。而說到傳輸層最為常見的故障狀況，便是防火牆的過濾阻擋設定錯誤，請確認一下防火牆的設定是否拒絕相關的連線通訊。

若是防火牆允許這些連線通訊，最後就只剩應用程式層級的障礙狀況，舉例來說，如果使用網頁瀏覽器無法開啟某些網址的網站時，可以利用 nslookup 指令來確認網址域名是否能正確解析為 IP 位址，如果域名解析錯誤，代表有可能是 DNS 伺服器發生故障。

看圖學觀念！

●網路不通時，從實體層開始逐步確認

當網路發生狀況的時候，應當從 OSI 參考模型 Layer 1 的實體層開始，逐層往上確認。

1 確認網路卡的上行線路是否正常

先以目視確認網路卡的 LINK 燈號是否正常，如果完全沒有亮燈，可能是網卡、交換器的接孔或網路纜線損壞。

2 確認能否取得預設閘道設備的 MAC 位址

對預設閘道執行 ping 指令，如果沒有回應，再使用 arp 指令確認目前使用的電腦是否知道預設閘道的 MAC 位址，假若 arp 列表中沒有預設閘道的 MAC 位址，那麼就有可能是交換器故障、或預設閘道設定有誤。

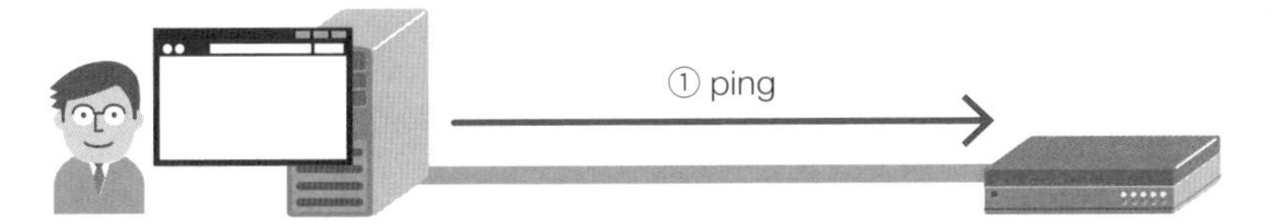

② 如果 ping 沒有獲得回應，再以 arp 確認是否有 MAC 位置的記錄

3 確認到達目的電腦的網路路徑是否暢通

對預設閘道之外的 IP 位址執行 ping 指令，若沒有收到回應，請再使用 tracert 指令確認連線路徑可以到達哪個節點位置，沒有回應的節點或許發生了某些故障狀況。

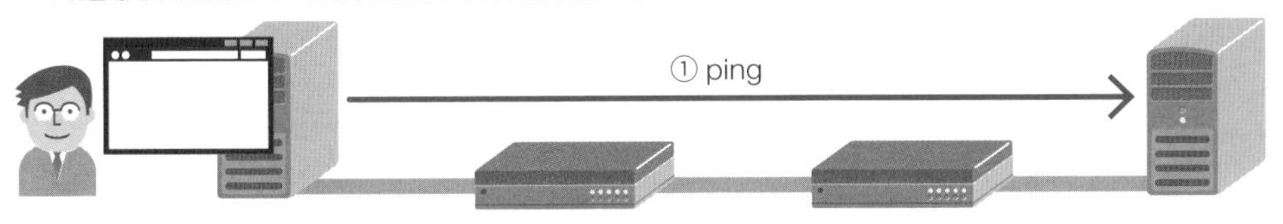

② 如果 ping 沒有獲得回應，再以 tracert 確認連線路徑可以到達哪個地方

4 確認防火牆是否過濾阻擋該類通訊

確認防火牆是否設定為拒絕該類連線通訊。

5 確認 DNS 伺服器能否正確解析域名

以 nslookup 指令確認網址能否順利轉換成 IP 位址，如果無法順利轉換或結果有誤，代表 DNS 伺服器可能發生故障。

08 NTP 伺服器的功能

NTP 伺服器是利用名為「**NTP(Network Time Protocol)**」的協定來透過網路傳送目前時刻。當設備或系統發生故障時，最重要的參考資訊便是發生「時間點」，如果伺服器或網路設備內部的時鐘不準，便無法按照時間先後順序列出相關記錄，如此就會增加資訊彙整、判斷上的困難度。說到用來提供 NTP 服務的伺服器軟體，在 UNIX 系列的作業系統上有「ntpd」，而 Windows 系列的作業系統則預設內建「w32time(Windows Time Service)」。

● NTP 伺服器採用 UDP 協定

NTP 伺服器用來傳送目前時刻的 NTP 協定，會針對來自於用戶端的「現在是幾點？」的時間詢問，以「現在是○○點」的方式來回應時間，算是相當簡單的運作機制，而在這樣的時間同步機制下，由於即時性比可靠度更為重要，所以 NTP 採用了 UDP 的通訊協定(預設通訊埠編號為 123)。

● NTP 伺服器屬於層狀架構

多台 NTP 伺服器之間會形成階層狀的架構，並且被分層賦予不同的「**Stratum(意為階層)**」值，Stratum 值代表了從標準時刻來源起算的網路距離、也就是 NTP Hop (躍點) 數。像是原子時鐘 (銫時鐘等)、GPS 或無線電時鐘 (電波時鐘) 之類絕對沒有誤差的正確時間來源，皆位於最上層的「Stratum 0」，然後逐層往下分別被賦予「Stratum 1」、「Stratum 2」…等越來越大的數字。

「Stratum 0」屬於最高的層級，而對於位處上層 Stratum 的 NTP 伺服器來說，其他的 NTP 伺服器亦屬於 NTP 用戶端，還有如果無法和其上層的 NTP 伺服器進行同步，那麼位於下層的伺服器將無法執行發送時間的工作。舉例來說，位於「Stratum 2」的 NTP 伺服器除了是「Stratum 3」的上層 NTP 伺服器之外，同時亦是「Stratum 1」的 NTP 用戶端，而且若無法和「Stratum 1」進行時間同步，那麼便無法將時間往下發佈至「Stratum 3」。

補充 有些專用伺服器設備也能接收無線電時鐘所使用的無線電波時間資訊、藉以提供 NTP 服務，適合應用於無法連接網際網路的區域網路環境。

看圖學觀念！

●「時間資訊」是解決問題的最重要線索

當服務發生問題的時候，如果伺服器或網路設備內部的時鐘不準，那麼便無法按照時間的先後順序列出相關記錄。

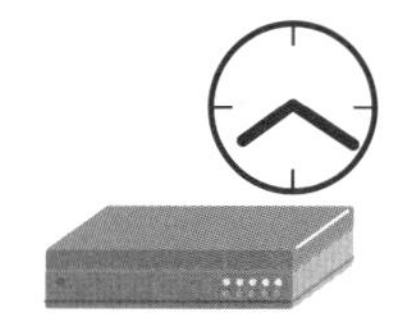

因此，伺服器或網路設備為了進行校時，需要指定 NTP 伺服器以便取得正確的時間。

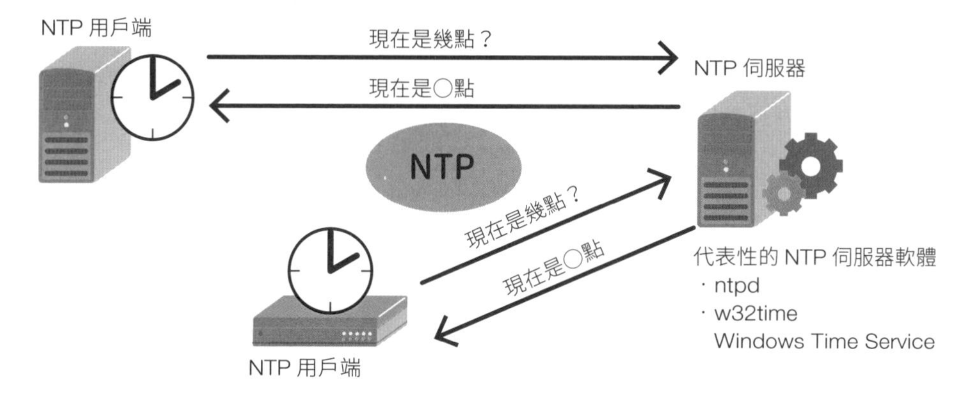

●NTP 伺服器屬於層狀架構

主要是由上層向下層發送時間資訊。

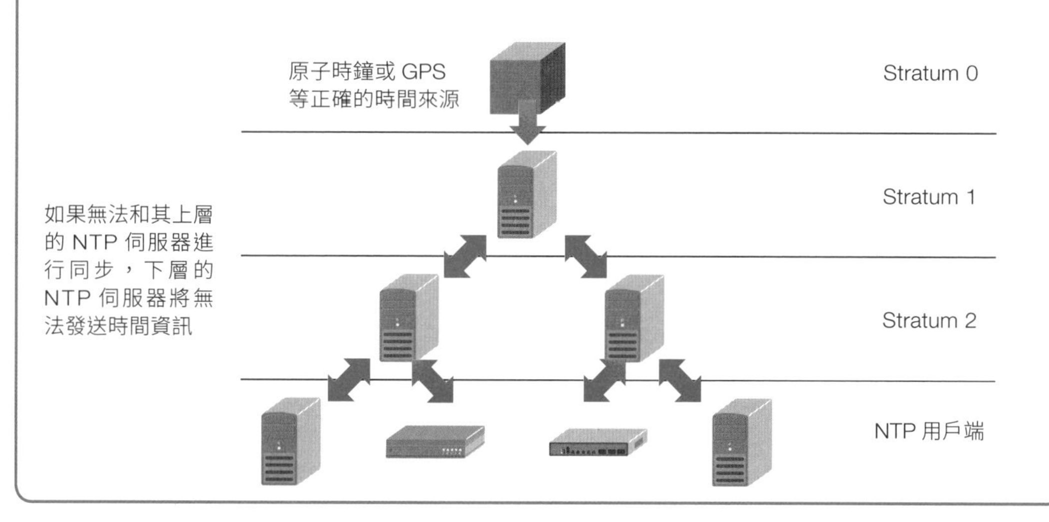

09 Syslog 伺服器的功能

系統發生問題的時候，首先必須確認伺服器或網路設備的 Log(記錄) 檔案，將「什麼時候、哪台機器設備、發生了什麼樣的現象」等相關記錄彙整起來，對於解決問題來說是非常重要的，而專門用來收集 Log 的伺服器即是「**Syslog 伺服器**」。

Syslog 伺服器能接收其他伺服器或網路設備透過 Syslog 協定轉送而來的 Log，以便於集中執行管理工作，例如運作於 UNIX 作業系統上的「syslog-ng」以及「rsyslog」，還有 Windows 作業系統上的「Kiwi Syslog Server」，都是能提供 Syslog 服務的伺服器軟體。

● 彙整 Log 記錄

在 Syslog 伺服器上整理列出 Log 的時候，主要會使用到「**Facility**」和「**Severity**」這 2 個 Syslog 訊息內含的欄位項目。Facility 意為發生事件的場所，表達該筆 Log 的來源類型，其內容值包含了代表該筆 Log 來自於 Kernel(作業系統核心部分) 的「kern」、以及該筆 Log 來自於 Daemon 程式 (常駐程式) 的「daemon」等關鍵字，總計有 24 種不同的來源類型。

而 Severity 如同其字面上的意思、代表該筆 Log 的緊急程度或重要程度，按照緊急程度由高至低依序為「Emergency(緊急狀態)」、「Alert(危險狀態)」、「Critical (關鍵性錯誤)」、「Error(一般錯誤)」、「Warning(警告)」、「Notice(重要通知)」、「Informational(一般資訊)」以及「Debug(除錯資訊)」等。

● 篩選出重要的 Log 記錄

當問題發生的時候，這套機制將會轉送大量的 Syslog 訊息，因此相當容易漏掉重要的 Log 記錄，如果無法在關鍵時刻發揮其作用，那麼好不容易記錄下來的 Log 也派不上用場。管理者必須利用訊息當中包含的 Facility 或 Severity 等欄位的內容，**對大量的 Syslog 訊息執行篩選的動作，確保不會遺漏重要的 Log 記錄**。

補充　若是持續累積 Syslog 訊息，那麼檔案容量也會不斷增加、開始壓迫到儲存空間，建議適當地輪替檔案、或清除已經過時的 Log 記錄。

看圖學觀念！

●發生狀況時，應先行確認 Log 記錄

資訊系統提供的服務發生問題的時候，首先應確認伺服器或網路設備的 Log 記錄，整理出「在何時、哪台機器發生了什麼樣的問題」。

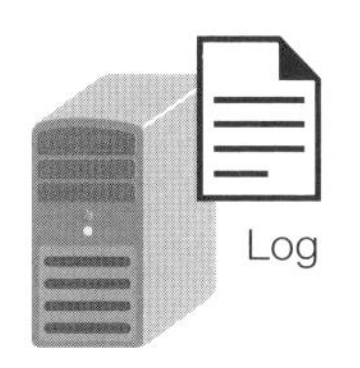

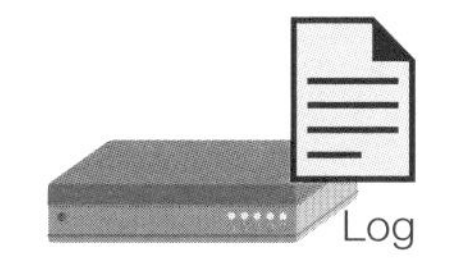

架設 Syslog 伺服器之後，即可收集這些 Log 集中管理。

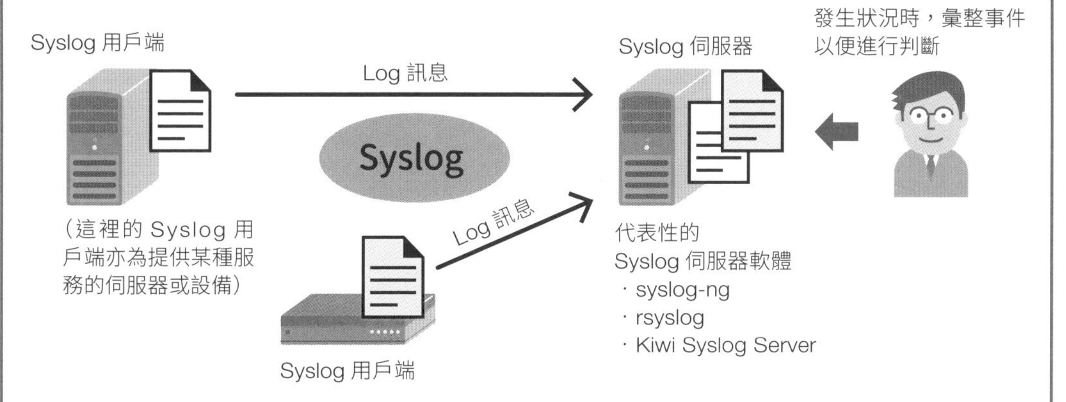

●Log 訊息可按照來源和緊急程度進行排列整理

Log 的實際範例

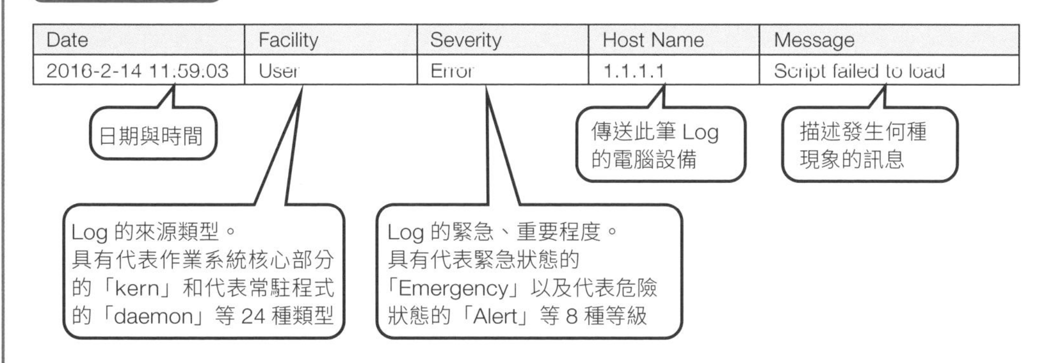

Date	Facility	Severity	Host Name	Message
2016-2-14 11:59:03	User	Error	1.1.1.1	Script failed to load

由於發生問題的時候會轉送大量的 Log 訊息，應該利用其中包含的欄位資料來縮小範圍，找出重點的 Log 記錄。

10 SNMP 伺服器的功能

與 Syslog 伺服器同等地位、一樣可以輔助維運管理工作的即是「**SNMP 伺服器**」，大致上來說，SNMP 伺服器主要負責「**監視狀態、效能**」、「**改變設定內容**」以及「**偵測故障**」等 3 個面向的任務。

在系統正常運作的平時，對於監視對象的伺服器或網路設備等 SNMP 用戶端，SNMP 伺服器會定期取得它們的狀態或效能資訊，並且視需求或狀況修改其設定內容，而當故障狀況發生的時候，還能收集 SNMP 用戶端轉送過來的故障資訊。例如「net-snmp」、Hewlett-Packard 公司的「OpenView NNM」以及 IBM 的「Tivoli NetView」等，皆是提供 SNMP 管理服務的伺服器軟體。

● 取得狀態或效能資訊

SNMP 伺服器會透過 SNMP(Simple Network Management Protocol, 簡易網路管理協定)，定期取得 SNMP 用戶端持有的「**MIB(Management Information Base)**」內的資訊。MIB 相當於記錄著 SNMP 用戶端的效能資訊或狀態資訊的資料庫，而 SNMP 伺服器在取得數據資料之後，還會加工轉化成圖表之類的形式，便於管理者判讀。

● 修改設定內容

變更設定內容的時候也需要使用到 MIB，此時 SNMP 伺服器同樣會透過 SNMP 協定，連線至欲改變其設定內容的 SNMP 用戶端，然後改寫 MIB 的資訊，接下來 SNMP 用戶端將根據改寫後的 MIB 資訊，實際套用新的設定。

● 通知故障狀況

如果 SNMP 用戶端發生某些故障狀況，便會利用 SNMP 的機制傳送故障相關資訊，這樣的運作模式相當類似 Syslog 服務，而 SNMP 伺服器接收到故障資訊之後，隨即按照預先設定的反應方式，在畫面上跳出警告訊息、或是透過寄送電子郵件等動作來通知管理者。

補充 MIB 的資訊在管理上是以 Root 為頂點的樹狀架構，各項資訊會被賦予「OID (Object IDentity)」，可以透過 SNMP 取得指定 OID 的對應值。

看圖學觀念！

●SNMP 可經由網路監視、設定系統

支援 SNMP 的伺服器或網路設備將成為 SNMP 用戶端。
SNMP 用戶端具有記錄著其狀態資訊或效能資訊、稱為 MIB 的資料庫。

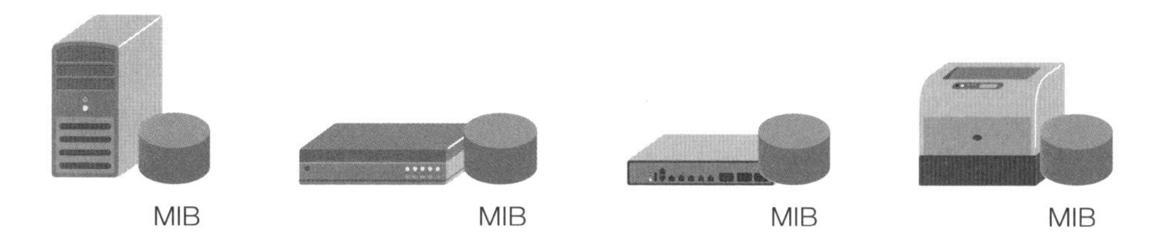

取得資訊、修改設定

SNMP 伺服器對 SNMP 用戶端送出指令，讀取 MIB 的資訊、或改寫 MIB 的內容，藉以取得狀態資訊和效能資訊、或是變更設定內容。

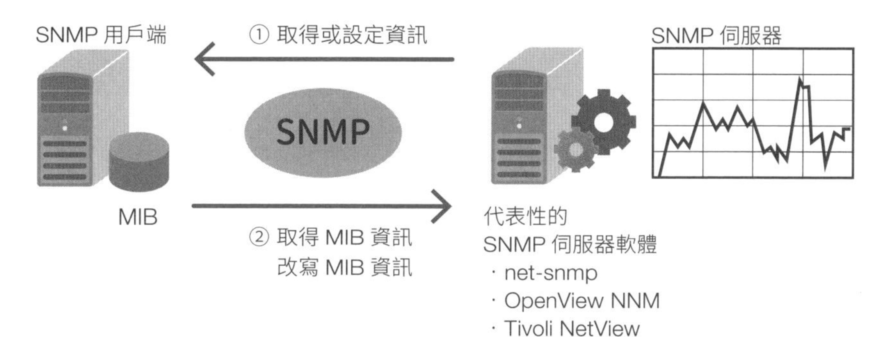

●可取得的資訊
CPU 的使用率、記憶體的使用率、儲存裝置的剩餘容量、網路頻寬的使用率等。

通知故障狀況

SNMP 用戶端若發生某些故障狀況，將利用 SNMP 機制向 SNMP 伺服器傳送故障相關資訊。

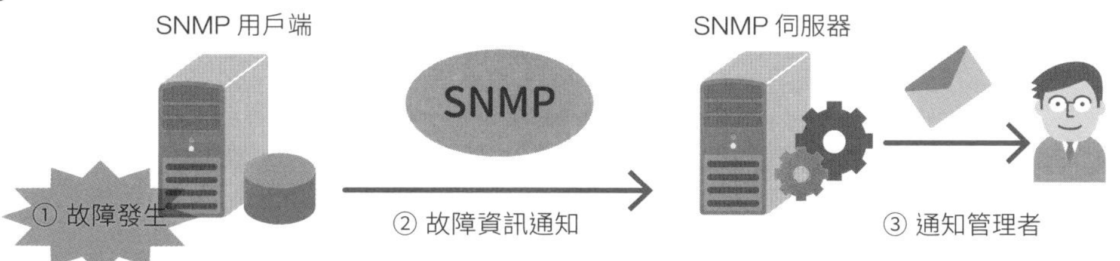

MEMO